高等职业院校基于工作过程项目式系列教程

电商客户服务与管理

山东药品食品职业学院

天津滨海迅腾科技集团有限公司　编著

李增绪　叶雅慧　主编

南开大学出版社

天　津

图书在版编目(CIP)数据

电商客户服务与管理 / 山东药品食品职业学院，天津滨海迅腾科技集团有限公司编著；李增绪，叶雅慧主编. —天津：南开大学出版社，2023.7
高等职业院校基于工作过程项目式系列教程
ISBN 978-7-310-06451-9

Ⅰ.①电… Ⅱ.①山… ②天… ③李… ④叶… Ⅲ.
①电子商务－商业服务－高等职业教育－教材 Ⅳ.
①F713.36

中国国家版本馆 CIP 数据核字(2023)第 134389 号

主　编　李增绪　　叶雅慧
副主编　沈燕宁　孙红举　冯　怡
　　　　马茜茜　巴　哲

电商客户服务与管理
DIANSHANG KEHU FUWU YU GUANLI

南开大学出版社出版发行
出版人：陈　敬
地址：天津市南开区卫津路 94 号　　邮政编码：300071
营销部电话：(022)23508339　营销部传真：(022)23508542
https://nkup.nankai.edu.cn

河北文曲印刷有限公司印刷　全国各地新华书店经销
2023 年 7 月第 1 版　　2023 年 7 月第 1 次印刷
260×185 毫米　16 开本　15.5 印张　374 千字
定价：68.00 元

如遇图书印装质量问题，请与本社营销部联系调换，电话：(022)23508339

前　言

　　本书为培养电子商务客服服务管理相关人才的教材，针对行业电子商务客户服务岗位的最新需求，以项目为导向，采用图文并茂的形式设计教材内容，通过大量详细的操作说明和深入浅出的讲解，阐释了客户服务与管理的方法与技巧，具有很强的实操性和实用性。结合实际客服工作中出现的情景，引出每一环节可能用到的技能，培养读者的实践能力。

　　本书由山东药品食品职业学院李增绪、叶雅慧担任主编，由沈燕宁、马茜茜、孙红举、冯怡、巴哲担任副主编，其中项目一、项目二、项目三、项目四、项目五由李增绪、沈燕宁、马茜茜负责编写，项目六、项目七、项目八、项目九由叶雅慧、巴哲、孙红举、冯怡编写，李增绪、马茜茜负责思政元素搜集，叶雅慧负责全书修改、整理和编排。

　　本书一共 9 个项目，包括"网店客服概述""网店客服岗前准备""售前服务技能""售中服务技能""售后服务技能""网店智能客服""客户关系管理""客服数据分析""客服管理与绩效考核"。通过理论和实战相结合的模式来帮助学生更好地学习技能。同时还会为难以理解的知识点添加了案例展示和案例解析等内容，帮助读者理解学习，积极处理客服问题，提高自己的工作能力。同时，本书在每个项目后都附有项目总结、英语角、练习题，并提供习题答案，供读者在课外巩固所学的内容。

　　本书语言流畅、详略得当、理论和实践紧密结合，并紧密结合行业需要的相关技术要求，注重动手实操能力。能够清晰地讲解网店客户服务管理过程中所需的所有知识，是不可多得的好教材。

　　本书不仅可以作为高等院校本科、高职高专电子商务相关专业的教材，而且可以作为对网店经营、客服管理等感兴趣读者的参考书，包括电子商务客户服务管理、在线平台客服、电商客服相关技能专业的高校教师和学生，以及对于可持续发展议题感兴趣的一般群众。

　　由于编者水平有限，书中难免出现错误与不足，恳请读者批评指正和提出改进建议。

编者
2023 年 2 月

目　录

项目 1 网店客服概述

通过网店客服概述章节的学习，了解电子商务发展趋势及现状，熟悉网店客服的职责，掌握客服与其他岗位的关系，具备网店客服的工作能力。

- 了解网店客服在店铺中的重要地位；
- 熟悉网店客服的基本工作内容；
- 掌握销售商品、解决客户问题和后台操作等基本技能；
- 学习提升店铺销售、改善店铺服务数据的技能。

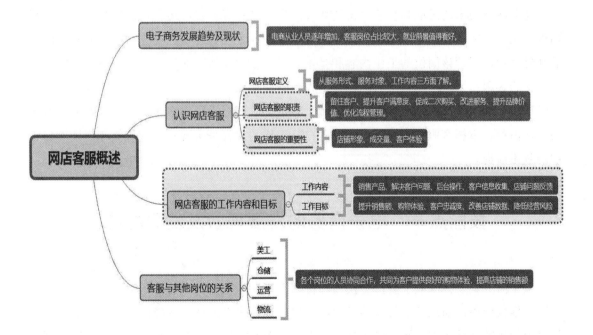

【情景导入】

某网店是淘宝网上一家从事土特产销售的网店，该网店把"山中特产"搬到了线上销售。在人们越来越重视食品安全的今天，绿色生态特产美食十分打动人心。很快，该网店的销售额就开始成倍地增长，但随之也出现了问题，因为店主一个人每天需要兼顾接待客户、打包、发货等工作，在客户较多的情况下，逐渐感到力不从心。于是，打算寻找帮手，很快便通过招聘网站聘请了一名网店客服。自从网店有了客服之后，网店的回头客增加了不少，而且店主的工作也轻松了很多，而这都得益于客服小A的专业服务。某天，客服小A收到客户B发出的消息，客户B想在店里选购一些土特产送给朋友，于是让小A推荐几款适合的商品。小A收到消息后立刻回复，并与客户B达成了一致意见，很快就促成了这单交易，客户B也成功完成了付款。事后，客户B对小A热情、优质的服务提出了表扬。原因是客服小A在与客户B沟通的过程中，对客户B提出的问题都耐心、专业、准确地给出解答，让客户B感觉舒服且放心。也正是由于小A的良好服务，网店的成交率提高了，口碑也得到了提升。

【任务描述】

随着网络技术的发展和智能设备的普及，电子商务行业发展迅猛，网店如雨后春笋般涌现，由此，网店客服这一岗位需求量极大。要想成为一名客服，首先需要建立对该职业的基础认识，了解该岗位的工作内容和基本要求，以便在该职业领域内获得更好的发展。

网店客服作为客户联系网店的窗口，承担着交换买卖双方信息的重任。因此，对于网店管理人员而言，招聘到适合的网店客服十分重要。而对于网店客服而言，了解网店客服的工作流程、掌握客服知识与技能、明确自己工作的内容是实现其自身价值和保证网店利益的基本前提。

技能点一　电子商务的发展现状及发展趋势

电子商务是一种以电子数据交换和因特网上交易为主要内容的全新贸易运作方式，它打破了地域分离，缩短了信息流动时间，使生产和消费更为贴近，降低了物流、资金流及信息流的传输处理成本，是对传统贸易方式的一次彻底革命。2021年，全球电商零售额达到4.9万亿美元。根据知名电商研究机构 eMarketer 的预测，未来电商零售额将达到新高，并没有下降的任何数据支撑。从 2014 年到 2021 年已实现 265%的增长幅度。

电商行业发展得快速，电子商务人才严重短缺，而国家的政策也在大力扶持电子商务的发展。因此，可以看出，电子商务的就业前景非常好。电子商务从业人员也在逐年增加，其中客服岗位就是占比较大的一部分。

技能点二　认识网店客服

电子商务是借助互联网开放的网络环境，在全球范围内进行各种商贸活动，实现消费者的网上购物、商户之间的网上交易和在线电子支付等商务交易活动的新型商业运营模式。广为大众熟知的网上自由贸易平台有淘宝网、天猫商城、京东商城等。电子商务蓬勃发展，对网店服务要求越来越高。

客服工作是一项以服务客人为价值导向的活动。在电子商务发展的起步阶段，电子商务的发展还不完善，没有被广大客户所认知和信任，消费者购买商品不会首选电子商务平台，那时很多卖家也都是集美工、商品运营、客服于一身来经营店铺，客服工作并不被重视。但随着电子商务的迅速发展，卖家们意识到了客服在接待客户、跟踪订单、售后服务中的重要性，于是客服越来越被重视，甚至被视为网店发展不可或缺的一环。事实也正是如此，电子商务平台出售的不仅仅是商品，更是一种服务，正因为客服能和客户进行直接接触，所以说客服工作在一定程度上决定着店铺的生死大权。

网店客服的含义是认识客服的核心。我们将以这个核心作为出发点，从客服工作的内容、职责和发展趋势等多个方面进行学习。

1. 网店客服的定义

随着电子商务的蓬勃发展，网店也如雨后春笋般成长着，单凭网店卖家一个人的单打独斗早已不能适应行业的发展。他们开始四处寻求帮手，于是在电子商务的领域兴起了一个极富生命力的新兴岗位——网店客服。

在电子商务盛行的时代，隔着电子屏幕的客户与网店之间需要必要的沟通来促成交易的达成，其中类似于实体店导购角色的"网店客服"便成为不可或缺的重要角色。

客服工作就是为客户服务的工作。网店客服与传统实体店中导购人员的服务有所不同，网店客服是通过网店这种新型电子商务平台，充分利用各种网上即时通信工具（如阿里旺旺、千牛平台等）为客户提供相关服务的人员。网店客服对网络有较高的依赖性，其所提供的服务类型主要包括客户答疑、促成订单、网店推广、售后服务等多个方面，服务界面如图 1-1 所示。

图1-1 千牛聊天界面

在电子商务的发展过程中，网店的经营模式日趋多样化，单打独斗的模式日渐势微。尤其是那些商品销量较大的网店，客户咨询量大，网店的回复稍有迟缓，就会有流失客户的风险，在这种形势下，网店对客服的需求也就随之提升。不同网店因自身发展的规模不同，对客服的数量以及工作内容的要求是不同的，如图1-2所示。规模大的网店会根据客服所负责的工作，将客服分为售前客服、售中客服和售后客服，一般由2~6名客服组成专业的客服团队；规模小的网店则不需要使用如此细致的划分方式，1~2名客服即可保证网店的正常运作，如图1-3所示。

图1-2 实体店客服工作图片

图1-3 淘宝客服工作图片

综上所述，网店客服即网店客户服务，是指在电子商务活动中，充分利用各种通信工具特别是即时通信工具（如千牛），为客户提供相关服务的人员。与传统行业不同，网店客户服务多数是在不与客户直接面对面接触的情况下进行的，服务难度和复杂度较传统行业要大。网店客服对网络有较高的依赖性，所提供的服务一般包括客户答疑、促成订单、店铺推广、完成销售、售后服务等方面。

2. 网店客服的职责

（1）留住客户

快速响应、真诚专业的客服是网店留住客户的重要法宝。客户在商品和店铺基本服务中得到满足，成交是自然而然的事情。

（2）提升客户满意度

较高的客户满意度能够为客户带来高于预期的购物体验，提升客户满意度。在电商领域，有些行业甚至是"三分商品七分服务"，足见客服的重要性。

（3）促成二次购买

无论是传统线下的业务还是新兴的电子商务线上的销售，推广费用都是企业成本的一项大支出。提高客户信赖度、有效发掘老用户，从而促成二次消费或重复消费，有助于降低电商的推广成本、提高利润率。

（4）改进服务

随着电商运营的深入，千篇一律的店铺服务流程已经不能满足客户的需求。工作在一线岗位的客服能够及时收集客户的需求以改进服务质量，也能适时、适度地为客户提供更多的贴心服务。

（5）提升品牌价值

规范、完整的客服体系，不仅能把合格的商品销售出去，还能通过全方位的客户服务（售前导购、售中跟进、售后服务、客户关怀等）将口碑价值融入品牌之中。

（6）优化流程管理

客户的需求是客户服务首先要解决的问题，也是指导网店优化流程管理的风向标，要正确看待和满足客户的需求。

课程思政：勇于创新，提高职业素质

某平台客服小王在 3 个月实习期期间，主要负责在线客服接待。在工作期间，小王认真总结平时接待客户时遇到的各种问题，并合并归类，通过对常见问题的分析，归纳出标准回复答案，制作了表格。在实习期满后，小王把表格交给主管，主管对小王的工作非常满意，并表示解决了公司的大问题。在学习课程过程中，一定要勇于创新，不断思考，提高工作效率，提升职业技能，提高自己的职业素质和素养，让看似不起眼的工作，也能产生大能量。

教育、科技、人才是全面建设社会主义现代化国家的基础性、战略性支撑。必须坚持科技是第一生产力、人才是第一资源、创新是第一动力，深入实施科教兴国战略、人才强国战略、创新驱动发展战略，开辟发展新领域新赛道，不断塑造发展新动能新优势。我们要坚持教育优先发展、科技自立自强、人才引领驱动，加快建设教育强国、科技强国、人才强国，坚持为党育人、为国育才，全面提高人才自主培养质量，着力造就拔尖创新人才，聚天下英才而用之。

3. 网店客服的重要性

在网店经营过程中，客服是必不可少的重要角色。比如淘宝客服对于淘宝店铺来说起着举足轻重的作用，他们直接面对客户，并为其解决问题。一个成功的客服人员的工作能够深入到关心客户、介绍商品知识、为客户排忧解难、进行附加推销等环节。

（1）网店客服对店铺形象的影响

要塑造专业的店铺形象，除了对店铺进行整体装修（包括从店标、签名档、店铺公告栏到模板、分类栏都要进行整体的定位和塑造，让客户一进店铺就有一个良好的第一印象），还要有优质的服务和良好的业务素质。

店铺给别人的第一印象很好，这是成功的开始。可是，卖家的真正目的是盈利。客户进店了，看了一圈，对某个商品或者几个商品感兴趣，开始用阿里旺旺沟通交流，询问一系列相关的问题，颜色、尺寸、品质等，最后还可能提一些问题。卖家一定要耐心、热情地予以回答，不但要很迅速地对客户的意图和需求做出判断，还应该对自己商品及外延知识有全面的掌握，适时给客户以建议。但是，最忌讳的是一味地推销，在交流过程中不要说一些推销色彩非常浓的话，保持热情、友好，不卑不亢即可，强行推销只能让客户反感，适时的建议和跟踪服务很关键。

（2）网店客服对成交量的影响

网店客服作为直接与客户进行交流的第一线窗口，在促进店铺成交量上发挥着不可替代的作用，甚至可以毫不夸张地说，一个好的服务团队在店铺中发挥的作用绝不亚于一个营销推广团队，他们本身担当着提高成交量的重要角色。客服的服务态度、销售能力和熟练度都会对成交量产生影响。

微笑服务和消极服务是网店客服工作态度的两极选择，从长远来看，两种服务态度所带来的成交量和利润是完全不相同的。客服的态度直接通过文字传递给了客户，客户是有思想的个体，当面对友好积极的信息时，他们也会反射出相同的信息，从而与客服真心交谈，参考客服的意见进行购买，促进店铺成交量的增长。当然客服消极的态度同样能够传递给客户，当客户接收到了不友好、消极的信息，他们会以同样的态度拒绝，甚至离开。这样不仅会对成交量产生巨大的影响，还会让店铺给客户留下负面印象。

客服的销售能力是影响成交的关键因素，客户是否选择某个店铺，是否购买所推荐的商品，这些都是客服销售能力的直接体现，销售能力越强的客服，他的关联销售（关联销售即客户在购买所需要的商品时，被卖家推荐商品的周边搭配吸引，于是产生了购买欲望）也就越多，客单价（客单价是指每个订单的平均单价，客单价=总销售额/总订单数）也相对比较高。而销售能力较弱的客服，在这两个方面通常表现得比较平庸。

客户通过网店购买商品，在下单、付款这两个环节的间隔不会太久，但当客户拍下商品之后，客服可能需要对订单的价格、邮费等情况进行修改，对客户的信息进行确认，或者对客户的一些要求进行备注并与仓库单位进行信息交接。而这一系列的工作都只是在短短几分钟的时间内完成的，如果客服对淘宝后台掌握不熟练，甚至对如何使用阿里旺旺聊天软件都不是很清楚，那么很有可能因为操作过程中让客户等待太久而丢失客户，自然这对网店的成交量也有巨大的影响。

（3）网店客服对客户体验的影响

客户会来咨询首先是对商品的一种肯定，不然在浏览阶段就已经走了；其次就是响应时间，响应时间最好控制在 30 s 以内，否则客户很可能已经走了，因为等待是很难熬的一件事情，作为客户就更不愿意等了。

在这个阶段除了响应时间，还需要注意专业知识的储备和服务的态度。客户前来咨询要得到的就是专业、准确的答案，客服如果没有提前做好功课，是很难快速准确地回答客户的；而服务态度则是为了拉近和客户之间的距离，增加成交的概率，要知道客户就是上帝，服务好上帝就是客服人员的责任。

技能点三　网店客服的工作内容和目标

电商客服是一个非常重要的岗位，不管是售前还是售后，客服都是冲在第一线跟客户直接接触的。售前客服每日接待进店客户解答各类问题，态度不好以及过于死板都会影响客户体验；售后客服是后台各类退换货处理、纠纷投诉以及投诉成立率都是要考核的，并且要处理中/差评，给各类评价客户解释等。一个好的客服人员，在和客户的沟通过程中，要做到换位思考、将心比心、求同存异。

1. 客服岗位的工作内容

客服岗位工作任务指客服岗位的主要工作事宜，包括以下几点。

（1）销售商品

客服根据自身对店铺情况和商品知识的了解，结合客户的需求，运用恰当的销售技巧，把店铺商品及推荐套餐成功地卖给客户。

（2）解决客户下单前后的问题

客服通过千牛等聊天工具与客户线上沟通，或者通过打电话等形式与客户交流，从专业的角度，为客户解决商品问题（属性、尺寸、使用效果等）、物流问题（用什么快递、运费如何、是否可以送货到家等）、支付问题（是否支持花呗和信用卡、是否可以货到付款、如何使用花呗分期、怎样享受优惠）、售后问题（退换货、运费承担、订单纠纷等），以及在交易过程中客户遇到的各个方面的其他问题。

（3）后台操作

后台操作包括交易管理、评价管理、退款管理以及举报投诉等客服相关事宜的备注及操作。客服可以在千牛工作台里进行相关操作，如图1-4所示。

图1-4　千牛工作台

（4）客户信息的收集

客服人员对客户的一些特征信息进行收集整理，为店铺的老客户维护和老客户营销提供可靠的客户信息依据，帮助店铺在做上新和推广时，更准确地划定优质人群标签的范围。

（5）店铺问题的收集与反馈

客服人员对客户提出的有关商品和店铺服务等方面的意见、建议进行收集整理，并反馈给相关岗位。为了更好地完成工作任务，客服还需要做一些相关的辅助性工作，包括但不限于学习商品知识、完成工作日报、参加相关培训、分析接待流失、研究竞店接待情况等。

2. 客服岗位的工作目标

客服岗位是关乎客户购物体验和店铺销售额的重要岗位，客服要对客户能否购买到适合自己的商品负责，要对客户是否有良好的购物体验负责，需要协助其他岗位完成店铺的销售和服务工作，更要对客户是否能顺利地完成交易负责。客服岗位的工作目标主要包括以下几个方面。

（1）提高店铺的销售额

现在，很多客户在网购时都会在下单之前对自己在商品和服务上的一些疑问向商家询问。客服可以及时地解决客户的疑问，让客户了解到自己需要的内容，达到成交的目的。在客户没有立即下单支付的时候，客服也可以及时跟进，解答客户的疑问，促成转化，提高店铺的销售额。同样，客服在与客户沟通的过程中可以向客户推荐店内不同的优惠套餐或者其他的搭配商品，从而提高客单价。

（2）提高客户的购物体验

客服作为一个直接影响客户购物体验的岗位，对店铺的形象塑造具有很重要的意义。好的客服可以提高客户的购物体验，在与客户交流的过程中，客服通过耐心询问、认真倾听，主动为客户提供帮助，让客户享受良好的购物体验。

（3）提高客户对店铺的忠诚度

由于现在的网络平台上商品繁杂，入口多样，客户的浏览成本越来越高，所以，客户在选择一家店铺以后，假如对商品满意、感觉服务贴心，就很少会选择到其他店铺购买。因为更换到其他店铺会增加新的购物风险和时间成本。所以，良好的客户服务能有效地提高客户对店铺的认可，进而提高客户对店铺的忠诚度。

（4）改善店铺的服务数据

目前，淘宝平台会对店铺的服务质量有一系列的评分，店铺评分如果不符合标准，就会影响商品的竞争力，以及店铺参加活动的资质。所以，商家要尽量保证自己店铺的服务类评分达到或者超过同行业的均值。客服在售前和售后都会和客户亲密接触，因此客服的服务质量就会直接影响店铺服务类数据的分值。淘宝的电脑端和手机端的店铺首页会显示店铺的综合评分，如图1-5和图1-6所示，客户可以通过综合评分判断店铺经营的状况，以及各种服务指标。平台也会在后台数据中考核店铺的综合评分以判断店铺是否被广大客户喜欢、是否值得把店铺推荐给平台的客户。

图 1-5　电脑端店铺综合评分

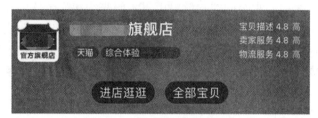

图 1-6　手机端店铺综合评分

（5）降低店铺的经营风险

商家在开店过程中难免会遇到退换货、退款交易纠纷、客户投诉、客户给出不良评价、平台处罚，甚至欺诈、诈骗等经营风险。客服如果对商品熟悉，能够做到精准推荐，就会有效地控制退换货、退款，尽量避免出现交易纠纷；客服如果对规则熟悉，能够很好地应对客户投诉，并且不触犯平台规则，就不会导致平台对店铺的处罚。客服如果积极、良好地与客户沟通，就有可能降低客户给出不良评价的概率；客服如果警惕性高，就可以避免发生店铺被少数不良分子恶意敲诈从而导致损失的情况。

技能点四　客服岗位与其他岗位的关系

客服是店铺中唯一一个直接与客户交互的岗位，其代表了整个店铺对外的形象，但是客户的购买行为和购物体验并不完全取决于客服岗位，其他岗位的工作也会对客户的购物体验产生影响。这就需要整个店铺各个岗位的人员协同合作，共同为客户提供良好的购物体验，提高店铺的销售额。

下面将从运营、美工、仓库、物流四个方面讲述客服与这些岗位的关系。

1. 客服与运营

（1）客户建议反馈

客服岗位除了具有销售和服务职责以外，还要为全店运营服务，客服是全店唯一能与客户直接交流的岗位，店铺中对客户信息的收集、问题的反馈、建议的整理等都是由客服人员来完成的，这些信息都为全店运营提供了重要依据，因此客服和运营经常有信息的交流与反馈，这样也更有利于运营对店铺的整体运营方案做出调整。

（2）活动对接

当店铺有活动的时候，运营需要向客服交代清楚活动方案，设置好自动回复和快捷用语，避免在客户询问活动内容的时候客服无法为其提供帮助。

（3）优惠申请及售后反馈

在日常接待客户的时候，有些客户会一直以不同的理由希望客服给其一些优惠，或在处理售后问题的时候，客户会要求客服提供补偿。客服可以根据店铺内部实际的可行性方案与运营沟通，寻求解决方案。

2. 客服与美工

（1）商品色差反馈

对于色差问题，客服通常会向客户解释由于拍照光线和显示器的设置不同，很难保证实物与图片完全没有色差。但是当店内的某商品多次被多位客户提出实物与图片的色差严重时，客服就应该向美工反馈，检查在拍照或者修图时是否造成了比较严重的色差问题，是否可以调整。如果不能调整，客服就要注意在推荐商品时如何向客户说明商品的颜色问题。

（2）信息描述错误反馈

客服在接待客户的时候，通常会有客户对页面上的描述内容提出疑问。例如，有些细心的客户会注意到页面的文字描述错误，还有些客户会根据广告法的内容提出商品实际效果与描述内容不符，部分内容涉嫌夸大、虚假描述。客服如果在与客户交流的时候发现类似问题，就应该及时向美工反馈商品信息描述的问题。

3. 客服与仓储

（1）特殊订单沟通

店铺中所出售的商品将由仓储人员进行打包、发货，有时客户对包裹订单有特殊要求，这时客服要及时与仓储人员沟通，通常也会采取订单备注的方式。客服在做订单备注时，要把需要仓储人员注意的信息放在备注靠前的位置。

（2）发货情况核实

客户在下单之后，通常会在短期内查看物流信息的更新情况。客户一般在发现订单没有发货时会咨询客服没有发货的原因，并且要求赶紧发货。客服需要及时与仓储人员沟通，核实订单的发货情况，确认是什么原因（如缺货、漏发、订单号有误、物流方面遗漏包裹、发货站点没有及时更新物流信息等），以便自己及时组织准确的话术安抚客户。

1）货物漏发核实

有些客户在下单的时候会根据自己的选择和客服的推荐选择多件商品拍下。很多时候小件的商品可以用一个包裹发出，而大件的商品可能需要用多个包裹分别发出。当客户向客服提出漏发货物咨询时，客服应该及时查看后台并且与仓储人员核实是否把包裹分开寄出。如果是用一个包裹寄出的，那么是不是有货物没有打包在一起。

2）货物错发核实

客户在下单的时候可能会选错商品颜色，有些客户也会把收件地址填错。通常在核对订单的时候客户会发现问题并告知客服订单信息错误需要修改。客服要备注订单的特殊情况，反馈给仓储人员。仓储人员在发货的时候可能会根据订单的实际情况打包，导致客户收到的宝贝与实际要求不符。这个时候客户向客服反馈货物错发的情况，客服应该及时与仓储人员核对快递单上的备注信息是否存在，了解是否由于仓储方面失误导致货物发错，并清点库存和核实发货记录。

3）退货到仓核实

店铺的退换货流程一般是先收到退回货物，再给客户安排退款或者更换货物。所以，当客户咨询客服退货时，客服需要先与仓储人员核对货物是否已经收到，然后才能帮客户处理问题。

4）订单货物补发

当客户的订单出现漏发、错发、换货、丢件等情况的时候，客服要根据客户的需求，与仓储人员沟通补发货物的细节，并且拿到新的物流单号，反馈给客户。

4. 客服与物流

（1）查询运输情况

有的时候客户在后台查看物流信息时会发现信息一直未更新，当客户咨询情况的时候，客服要及时通过相关物流平台查询物流信息，与物流公司的相关联系人核查该物流单号货物的运输情况，了解实情，并组织好话术安抚客户。

（2）查询配送情况

物流公司在配送包裹时经常会出现一些问题。例如，不能送货上门，乡村站点较远需要自取，没有送到客户的家里。这个时候客服得到了反馈，应该及时与物流公司的联系人及快递员联系，核实情况，与物流公司协商解决方案，并把解决方案提供给客户。

（3）查询丢件情况

当客户反映货物一直没有收到时，客服需要查看物流信息并联系物流公司，核实是否出现配送失败导致货物被拒收滞留，是否在运输途中出现货物停留和丢件的情况。如果出现丢件的情况，那么客服应该先与仓储人员沟通，安排货物优先补发，再与物流公司协商丢件赔偿问题。

（4）查询拒收情况

在物流公司配送货物的时候，客户可能因为各种原因拒绝签收。客服应该及时与物流公司核实拒收原因，并与客户和物流公司一起协商解决方案。如果无法解决问题，客服需要通知物流公司退回货物。

本章对网店概述的相关内容进行了介绍，包括网店客服的定义、客服人员的工作内容和目标、客服岗位与其他岗位的关系等多个方面的内容。

improve	改善
loyalty	忠诚度
experience	体验
reduce	降低
risk	风险

collect	收集
difference	差异
present situation	现状
trend	趋势
administration	管理

1. 选择题

（1）网店客服即网店客户服务，在电子商务活动中为客户提供的服务一般包括客户答疑、促成订单、店铺推广、（　　）等。

A. 付费推广　　　　　　　　　　　B. 售后服务

C. 客户运营　　　　　　　　　　　D. 活动策划

（2）网店客服的职责不包括（　　）。

A. 提升客户满意度　　　　　　　　B. 促成二次购买

C. 会员运营　　　　　　　　　　　D. 留住客户

（3）在网店经营过程中，客服是必不可少的重要角色，会对店铺成交量、店铺形象、（　　）产生非常重要的影响。

A. 会员体系　　　　　　　　　　　B. 客服薪资

C. 订单发货　　　　　　　　　　　D. 客户体验

（4）客服是店铺中唯一一个直接与客户交互的岗位，其代表了整个店铺对外的形象，但是客服还与运营、仓储、美工、（　　）有着密切的联系。

A. 物流　　　　B. 财务　　　　C. 人力资源　　　　D. 采购

（5）以下不属于客服主要工作任务的是（　　）。

A. 线下推广　　　　　　　　　　　B. 销售商品

C. 后台操作　　　　　　　　　　　D. 店铺问题收集与反馈

2. 填空题

（1）客服工作主要是通过（　　）等聊天工具与客户线上沟通。

（2）客服岗位的工作内容可以分为（　　）和（　　）两个部分。

（3）（　　）作为一个直接影响客户购物体验的岗位，对店铺的形象塑造具有很重要的意义。

（4）客户可以通过（　　）判断店铺经营的状况。

（5）客服在与客户沟通的过程中可以向客户推荐店内不同的优惠套餐或者其他的搭配商品，从而提高（　　）。

3. 简答题

（1）简述客服岗位的职责范围。

（2）客服在工作中的打字速度需要达到什么要求？

项目 2 网店客服岗前准备

通过客服岗前准备章节的学习，了解电子商务平台交易规则，熟悉千牛工作台的使用，掌握客服工作的基本技能，具有独立操作千牛工作台的能力。

● 了解学习店铺商品知识的方法；
● 熟悉客户购物的心理；
● 掌握客服工作的标准；
● 具备与客户沟通完成销售任务的能力。

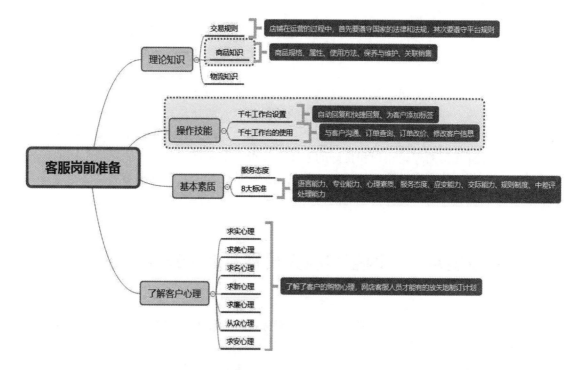

【情景导入】

小 A 是一家小家电网店的售前客服，在与客户的交流过程中发现不少客户很快表现出不耐烦的情绪。小 A 觉得自己是在认真且耐心地回答客户的提问，怎么反而会让客户觉得厌烦呢？小 A 百思不得其解。这日，小 A 接待了一位李女士。李女士表示想要购买一款果汁机，于是小 A 立马向李女士推荐了目前店里销量最好的一款果汁机，并详细介绍了果汁机的使用、清洗方法，可谓功能多样、物美价廉。李女士回复说先看看，然后就没有下文了。等了一段时间，小 A 再次联系了李女士，询问对这款商品是否满意，却被李女士告知已在其他网店中购买了。小 A 想弄明白客户选购其他商品的原因，于是虚心请教李女士。李女士告诉小 A，她想要一款便携式果汁机，最好能随身携带，又不占空间，小 A 推荐的那款商品显然也是便携式的，但是拆分式的，不是一个整体，出门携带也不方便。于是，李女士重新选择了一家网店。那家网店的客服马上给她推荐了一款功能丰富的便携式果汁机，并且可以随时充电，使用起来也十分方便。这立马引起了李女士的兴趣，并主动要求对方给她发一下商品图片和资料。看了之后，李女士十分满意，很爽快地就下单付款了。小 A 这才知道原来是自己太急于求成了，没有彻底搞清楚客户的需求就抢先向客户推销商品，错失了原本绝佳的成单机会，反倒成全了其他网店。

【任务描述】

要成为一名合格的网店客服，不但要具有扎实的理论知识，要有熟练的操作技能，还要学会分析客户心理，弄清楚客户的心理活动，才能根据具体情况进行有针对性且有效的沟通，从而促成交易。

网店客服是通过各种网络聊天工具与客户交流，相对面谈而言，更难在短时间内揣摩客户的真实需求。要想更加准确地分析客户的购物需求，成功将商品推销出去，网店客服要善于从与客户的交谈中挖掘出有用的信息、了解客户心理，并搭配一定的销售技巧。同时客服也要具有扎实的理论知识和良好的素质，充分了解店铺商品，才能根据不同的客户的需求对症下药，达到事半功倍的效果。并且在工作的过程中，遇到困难和疑惑，不要气馁，而要不断探索，努力提升自己的能力。

技能点一　网店客服人员需具备的理论知识

一名优秀的网店客服不仅能够维护好网店形象，还能及时地对客户进行引导，从而为网店带来更多的销量和更高的转化率。那么，一名优秀的网店客服应具备哪些理论知识呢？一方面，网店客服一定要了解平台交易规则；另一方面，还应掌握相关的支付知识、物流知识。

1. 交易规则

店铺在运营的过程中，一要遵守国家的法律和法规，二要遵守平台规则。平台规则起到规范平台用户行为、维护买卖双方利益的作用。例如，淘宝规则明确指出"为促进开放、透明、分享、责任的新商业文明，保障淘宝用户合法权益，维护淘宝正常经营秩序，根据《大淘宝宣言》及《淘宝平台服务协议》《天猫服务协议》制定本规则"。遵守平台规则是商家的基本义务。客服在日常工作中经常用到的与规则相关的网址如下。

淘宝网规则中心网址为 https://rule.taobao.com，如图 2-1 所示。

天猫规则中心网址为 https://guize.tmall.com，如图 2-2 所示。

图 2-1　淘宝规则首页

图 2-2　天猫规则首页

下面以淘宝网规则为例，介绍客服需要学习并要严格遵守的规则。

（1）商品如实描述

商品如实描述并对所售商品的质量承担保证责任是卖家的基本义务。商品如实描述是指卖家在商品描述页面、店铺页面、千牛等所有淘宝网提供的渠道中，应当对商品的基本属性、成色、瑕疵等必须说明的信息进行真实和完整的描述。卖家应该保证其出售的商品在合理期限内可以正常使用，包括商品不存在危及人身、财产安全的不合理因素，具备商品所应当具有的使用性能、符合在商品或其包装上注明采用的标准等。

针对这条规则，要注意作为客服在千牛平台与客户沟通时，一定要准确地描述商品的基本属性、成色、瑕疵等信息。例如，客服在向客户描述棉服商品时，不能用"羽绒服"代替，以免客户误解，否则可能导致客户在收到货以后投诉卖家违背了商品如实描述的规则。

（2）评价规则

为了确保评价体系的公正性、客观性和真实性，淘宝将基于有限的技术手段，遵循《淘宝网评价规范》的规定，对违规交易评价、恶意评价、不当评价、异常评价等破坏淘宝信用评价体系和侵犯消费者知情权的行为予以坚决打击，包括但不限于屏蔽评论内容、评价不记分、限制违规/异常交易的评价工具使用、限制客户行为等措施。基于这条规则，客服在对客户进行评价以及评价解释时要实事求是，不得使用污言秽语，也不能泄露客户的隐私。

（3）泄露他人信息

泄露他人信息是指未经允许发布、传递他人隐私信息，涉嫌侵犯他人隐私权的行为。对于泄露他人信息的，淘宝对会员所泄露的他人隐私信息进行删除；对于情节一般的，每次扣 B 类（严重违规行为）2 分；对于情节严重的，每次扣 B 类（严重违规行为）6 分；对于情节特别严重的，每次扣 B 类（严重违规行为）48 分，同时根据情节严重程度可采取公示警告等措施。

基于这条规则，客服不要有意或者无意地泄露客户的私人信息和订单信息。例如，在成交以后与客户核对收货人的姓名和地址信息时，只能与拍下商品的旺旺号（即淘宝 ID、登录名）客户核对。

（4）违背承诺

违背承诺是指卖家未按照约定向客户提供承诺的服务、妨害客户权益的行为。卖家如果违背发货时间、交易价格、运送方式等承诺，那么必须向客户支付违约金。客户在发起投诉后，卖家在淘宝网判定投诉成立前主动支付违约金达三次及三次的倍数次时扣 A 类（一般违规行为）3 分；卖家如果未在淘宝网判定投诉成立前主动支付违约金，那么除了必须支付违约金，每次扣 A 类（一般违规行为）3 分。卖家如果违背交易方式服务承诺，那么每次扣 A 类（一般违规行为）4 分；卖家如果违背特殊承诺，那么每次扣 A 类（一般违规行为）6 分。

基于这条规则，客服在与客户用阿里旺旺沟通时，不要轻易承诺，如果主动向客户提出某种服务承诺，就必须严格履行。例如，客服与客户协商当天发货，如果未能履行，客户就可以以违背承诺为理由进行投诉。

（5）恶意骚扰

恶意骚扰是指会员采取恶劣手段骚扰他人、妨害他人合法权益的行为。对于情节一般的，对会员屏蔽店铺 7 天；对于情节严重的，每次扣 A 类（一般违规行为）12 分；对于情节特别严重的，每次扣 B 类（严重违规行为）48 分。恶意骚扰包括但不限于通过电话、短信、阿里旺旺、邮件等方式频繁联系他人、影响他人正常生活的行为。

（6）七天无理由退货规范

客户在签收商品之日起七天内，对支持七天无理由退货并符合完好标准的商品，可发起七天无理由退货申请。选择无理由退货的客户，应当自收到商品之日起七天内向淘宝网发出退货通知。自物流显示签收商品的次日零时开始计算，满 168 小时为七天。客户应当确保退回的商品和相关配（附）件（如吊牌、说明书、三保卡等）齐全，并保持原有品质、功能，无受损、受污、刮开防伪、产生激活（授权）等情形，无难以恢复原状的外观类使用痕迹。客户在进行七天无理由退货时，若商品由卖家包邮，则客户仅承担退回邮费；若商品未包邮或商品是卖家附条件包邮的、客户部分退货致使无法满足包邮条件的，则由客户承担所有邮费。双方另有约定的，从其约定。客户若存在滥用会员权利行为，则所有运费均由客户承担。赠品遗失或破损、发票遗失不影响商品退货；赠品破损或遗失可做折价处理，发票遗失由客户承担相应税款。

针对这条规则，客服在处理售后的时候，应该了解清楚店铺内的商品是否提供了七天无理由退货的服务、售前客服与客户是否有过约定。如果退货商品满足七天无理由退货的要求，那么客服应当了解规范，及时查询订单是否在七天期限内，同时要求客户退货的商品完好，退货运费由客户承担。如另有约定，从其约定。

课程思政：遵纪守法，增强自我约束

为净化网络市场环境，维护公平竞争秩序，上海市市场监管局聚焦电商平台刷单炒信乱象，进一步加强网络不正当竞争执法力度，2022 年 3 月 3 日，面向社会公布一批典型案例。在课程学习过程中，一定要时刻保持遵纪守法的意识，做个正直的人，在服务过程中亦是如此。没有规矩，不成方圆，法律会约束着每一个人，法律也让社会更加安定、更加和谐，让生活更加美好。

法治社会是构筑法治国家的基础。弘扬社会主义法治精神，传承中华优秀传统法律文化，引导全体人民做社会主义法治的忠实崇尚者、自觉遵守者、坚定捍卫者。建设覆盖城乡的现代公共法律服务体系，深入开展法治宣传教育，增强全民法治观念。推进多层次多领域依法治理，提升社会治理法治化水平。发挥大学生示范带头作用，努力使尊法学法守法用法在全社会蔚然成风。

2. 商品知识

在与客户沟通的过程中，对话的绝大部分内容都围绕着商品本身。客户可能会提一些有关商品信息的专业问题，如果网店客服人员不能给予恰当的答复，或者一问三不知，无疑会打击客户的购买热情。因此，网店客服人员应当对商品的规格、基本属性、安装及使用方法、保养与维护、关联销售等都有所了解。

（1）商品规格

商品的规格是指商品的物理性状，一般包括商品的体积、长度、形状、重量等。有时同一系列的商品会包含多种规格，如服饰类商品的颜色、尺码，数码商品的容量、配置等。网店客服人员应该熟悉商品的规格，以便在跟客户沟通时准确地回复客户的问题。

以服装为例，服装的规格相对来说比较复杂，一般按照 XS、S、M、L、XL、XXL 来区分，上述尺码依次代表加小号、小号、中号、大号、加大号、特大号，如图 2-3 所示。一般来说，设计师会分析服装的目标人群，找出其中最常见的体形来确定 M（中号），即所谓的均码大小，然后在这个基础上进行缩放，得到其他尺码的大小。

尺码表 | SIZE CHART

尺码	裙长	胸围	腰围	袖长
S	110	76	64	25
M	111	80	68	26
L	112	84	72	27
XL	113	88	76	28
2XL	114	92	80	29

温馨提示：尺寸单位为厘米（cm），请各位亲测量自身身材后，按照尺码表数据选择尺码。模特效果图仅供参考，因显示器差异以及灯光原因，图片与实物可能存在轻微色差，尺码因纯手工平铺测量，可能存在1-3厘米的误差属于正常范围！

图 2-3 衣服尺码

鞋子按脚的长短来确定尺码，一般女鞋中 35 码、36 码、37 码属于常见尺码，38 码、39 码属于偏大的尺码；男鞋中 40 码、41 码、42 码属于常见尺码，其他尺码属于偏小的或者偏大的尺码。鞋子尺码如图 2-4 所示。

测量方法

将脚轻踏于白纸上，在脚趾最长处点一点，于脚后跟点一点，测量两点距离即可。

鞋码	34	35	36	37	38	39	40
理论脚长(mm)	220	225	230	235	240	245	250

/ 请根据实际测量数据，并结合个人脚型及穿着习惯选择合适的尺码。

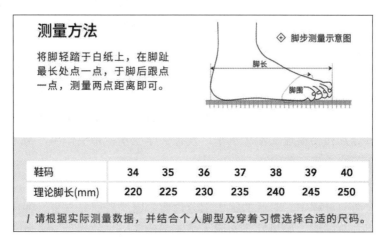

图 2-4 鞋子尺码

（2）商品的基本属性

商品的基本属性包括但不限于生产厂家、材质、适用范围等，这是网店客服人员必须掌握的，网店客服人员只有知道了商品的这些基本属性，才能回答客户的简单提问，才能对最基本的问题对答如流。网店客服人员只有了解商品才能更好地介绍和推销商品，客户是否接受商品在很大程度上取决于网店客服人员对商品是否了解，商品的基本属性在一定程度上代表了该商品与同类商品相比较时的优势，比如面料更透气、可以正反两面穿、纯羊毛等，图 2-5 所示商品的基本属性是桑蚕丝面料。在客户向网店客服人员咨询服装材质时，如果网店客服人员能很准确地说出来，客户就会觉得网店客服人员具有一定的专业性，值得信任，从而购买该服装。

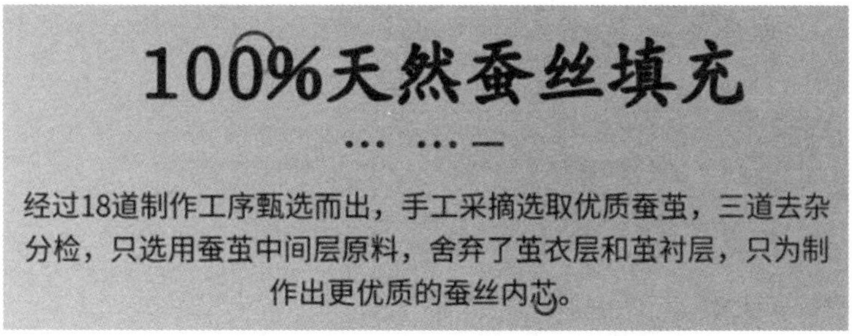

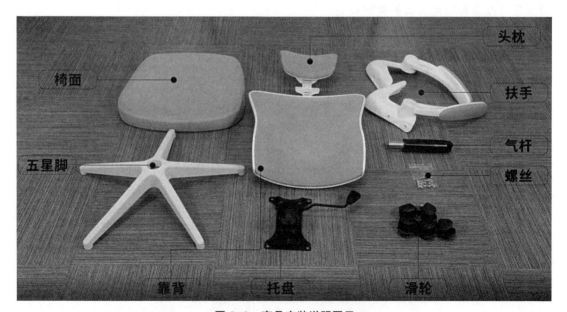

图 2-5　桑蚕丝面料

（3）商品的安装及使用方法

有的商品可能需要客户自己动手安装。对于商品的安装及使用方法，网店客服人员也要熟练掌握，因为客户可能会在收到商品后因为不会安装而咨询网店客服人员。商品详情页中可以用文字和图片形式介绍商品的安装及使用方法，这不仅可以让客户在购买商品之前就先了解该商品的安装及使用方法，还可以方便网店客服人员随时查看，一旦有客户询问商品的安装及使用方法，网店客服人员可以直接将该部分内容复制、粘贴给客户看，也相当于让自己再熟悉一次。图 2-6 所示为用"文字+图片"形式来介绍商品的安装方法。

图 2-6　商品安装说明图示

（4）商品的保养与维护

对于商品的保养与维护，网店客服人员应在客户购买商品时就做出相关的说明，以确保客户日后可以对商品进行合理的保养与维护，从而延长商品的使用寿命。在商品详情页中会有一些有关商品的保养与维护的知识，建议网店客服人员熟知这些知识，并且在交易过程中提示客户。商品保养知识示例如图 2-7 所示。

图 2-7　商品保养知识示例

（5）商品的关联销售

在学习商品知识时，网店客服人员还应该了解一些可以进行关联销售的商品。这样在销售商品时，网店客服人员就可以迅速想到关联商品，并尝试进行关联推荐，提高客单价。关联销售可以提高流量利用率、增加访问量、减少跳失率、提高访问深度。在客户进入某一个商品的页面时，可能当前页面展示的这款商品并不能满足客户的需求，这时，网店客服人员可以向客户推荐其他关联商品。

注意在给客户推荐关联商品时，网店客服人员一定要准确说出关联的理由，这样客户才更容易接受。图 2-8 所示为商品的关联销售示例。

图 2-8　商品的关联销售示例

3. 物流知识

作为一名网店客服，除了要掌握网店运营规则、付款知识等基础知识，还应熟悉物流知识，包括不同送货方式的选择、不同物流的其他信息等。

（1）不同送货方式的选择

作为网店经营链条上的核心环节——物流，其送货方式的选择成为影响网店经营成功与否的重要环节。网店选择的送货方式主要有以下几种。

● 普通包裹：普通包裹一般在配送体积较大的商品时采用，选择的物流是邮政配送，寄达时间需 7～15 天。此种方式的特点是花费时间较长，但费用一般较低，在网店的发展初期配送的商品种类和数量都比较少时适用。

● 快递包裹：快递包裹寄达时间一般需要 3 天左右，与普通包裹相比费用要高一些，适用于客户对于收到商品的时间有要求或者跨地区配送。这种方式可选择的物流公司有圆通快递、中通快递、申通快递等。

● EMS 快递：EMS 快递安全可靠，送货上门，寄达时间比前两种方式都要快，但费用也是这 3 种方式中最高的，一般由邮政配送。这种方式比较适合对于收到商品的时间有较高要求的客户。

（2）不同物流的其他信息

物流的其他信息是指客服对不同物流方式的价格、速度、联系方式、售后等问题的了解。客服应当掌握网店所用快递服务的配送情况，并熟知对物流包裹的撤回、更改地址、状态查询、保价、索赔等问题的处理办法，以确保在发生意外状况时能第一时间做出反应，将网店和客户的损失降到最低。

● 了解不同物流方式的价格：了解不同物流方式的计价方法，以及报价的还价空间等，以尽量争取优惠价格，同时为客户提供关于物流选择的专业解答。

● 了解不同物流方式的送达时间：现代物流运输方式分为公路运输、铁路运输、水路运输、航空运输、管道运输 5 种，不同运输方式的寄达时间各不相同。

● 了解不同物流方式的联系方式：准备一份各个物流公司的联系电话，同时了解如何查询各个物流方式的网点情况。

● 了解不同物流方式的售后问题：了解不同物流方式的售后问题，包括包裹撤回、地址更改、状态查询、保价、问题件退回、索赔处理等内容。

技能点二　网店客服人员需具备的岗位操作技能

作为一名网店客服，除了要熟悉平台运营规则、付款和物流知识，还要熟练掌握与客户沟通的交流工具千牛工作台的操作方法，方便进行订单和客户的管理。特别是当客户有操作上的疑虑时，网店客服可以快速回复并引导客户进行操作，提高自己在客户心中的专业度和好感度。

1. 千牛工作台的设置

淘宝、天猫客服与客户的最常用交流工具从阿里旺旺卖家版到如今的千牛工作台，经历了不停的更新改版。千牛工作台全新便捷的功能操作界面，让网店客服能更准确、快速地回答客户疑问，从而提高转化率，促成交易成功。下面将对千牛工作台的一些简单设置进行说明。

（1）自动回复与快捷回复

当在线客户人数较多或者无法第一时间响应客户信息时，网店客服可以通过千牛工作台设置自动回复，让客户知道自己目前的状态，也可以提前编辑好回复的内容，然后通过快捷回复方式进行应答，以便节省自己的时间，具体操作如下。

第一步：登录千牛工作台后，单击操作界面右上角的"设置"按钮，在打开的下拉列表中选择"系统设置"选项。如图2-9所示。

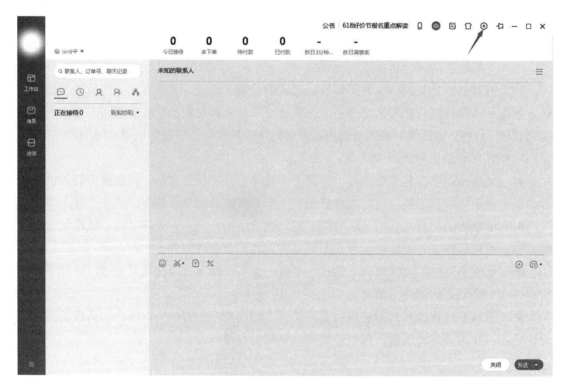

图2-9　千牛工作台设置

第二步：打开"系统设置"对话框，选择"接待设置"，单击左侧列表中的"自动回复"标签，在展开的列表中单击"自动回复"按钮。从打开的对话框进入客户服务页面，开启欢迎语功能，选择基础方案进行设置，如图2-10所示。

图 2-10　新增欢迎语页面

　　第三步：选择相应的欢迎语模板，单击"启用"按钮，并在对话框中输入需要回复的内容，然后单击"保存"按钮，如图 2-11 所示。以此类推，可根据不同的场景设置不同的欢迎语，以满足个性化服务的要求。欢迎语设置好之后，当客户咨询时，会根据场景自动弹出设置好的回复信息。

图 2-11　输入自动回复内容

　　第四步：在"接待中心"界面的客户交流区中单击"快捷短语"按钮，右侧列表框中将显示系统自带的快捷短语，这里单击列表框顶部的"新建"按钮，如图 2-12 所示。

图2-12　点击"新建"按钮

　　第五步：打开"新增快捷短语"对话框，在中间文本框中输入所需的快捷短语的内容。在"快捷编码"文本框中输入数字"2"，在"选择分组"下拉列表框中新增名为"常用话术"的分组，单击"保存"按钮，如图2-13所示。

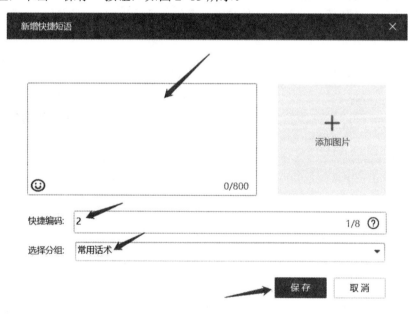

图2-13　新增快捷短语

　　第六步：返回"接待中心"界面，在聊天窗口中输入符号"2"，此时聊天窗口将自动显示新创建的快捷短语，按"Enter"键即可将快捷短语添加到聊天窗口，再次按"Enter"键或者单聊天窗口中的"发送"按钮，便可将消息发送给客户。

（2）为客户添加标签

网店客服通过千牛工作台与客户进行交流时，客服通常会给不同的客户添加标签，并将同类客户划分在一起，以便将来针对同类客户做促销活动的推送。为客户添加标签的操作很简单，方法为：在"接待中心"界面的客户列表中选择要设置的客户，聊天框右侧会显示该客户的详细信息，如客户信用、消费记录、足迹等基本信息，如图 2-14 所示。打开"添加备注"对话框，在其中选中客户关系标签名称，并在下方文本框中输入备注内容，最后单击"保存提交"按钮，如图 2-15 所示。返回"首页"，即可查看添加的标签信息。

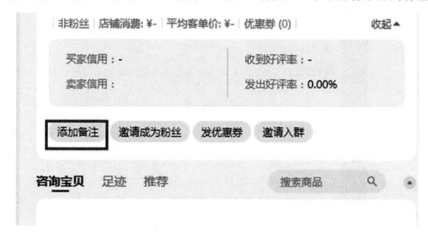

图 2-14　单击"修改备注"按钮

图 2-15　为客户添加标签

2. 千牛工作台的使用

千牛工作台是淘宝客服使用最多的沟通工具。通过千牛工作台，客服可以与客户沟通或进行交易管理等操作。

（1）与客户沟通

千牛工作台与淘宝账号可以共用，使用淘宝账号登录千牛工作台后，若有客户咨询，可单击桌面任务栏的提醒图标，在打开的接待中心直接回复客户的咨询，单击左侧客户列表中的相应图标可以切换到其他联系人的接待窗口中，如图2-16所示。

图2-16　与客户进行沟通

（2）订单查询

订单查询是网店客服日常工作中非常常见的操作，订单查询的方法很简单，可通过宝贝名称、客户昵称、订单编号等查询条件进行查询。其中常用的是利用订单编号进行查询，其具体操作如下。

第一步：打开千牛工作台，点击左侧选项栏中的"交易"按钮，进入"已卖出的宝贝"页面，如图2-17所示。

图2-17　选择"交易"选项

第二步：打开"已卖出的宝贝"页面，在其中可以输入宝贝名称、客户昵称、订单编号、物流单号等查询条件。这里在"订单编号"文本框中输入要查询的订单号 179015929****后单击"搜索订单"按钮，如图 2-18 所示。稍后便可在"近三个月订单"选项卡中查看搜索结果。

图 2-18 通过订单编号查询订单

（3）订单改价

订单改价只针对交易状态为"等待客户付款"的订单，如果订单是已付款的状态，则卖家是无法修改交易价格的。网店客服一定要清楚这一细节。订单改价的具体操作如下。

第一步：打开"已卖出的宝贝"页面，点击列表中的"等待客户付款"按钮，在其中找到需要修价格的订单后，单击该订单中的"修改价格"按钮，进行修改。如图 2-19 所示。

图 2-19 单击"修改价格"按钮

第二步：在打开的窗口中可进行修改价格和邮费的操作。其中，修改价格可以通过打折和直接输入增加或减少金额来设置；邮费可以通过直接输入邮费价格或单击"免运费"超链接来设置。这里将折扣设置为"5"、邮费设置为"免运费"，单击"确定"按钮，如图 2-20 所示。

图 2-20　修改订单价格和运费

第三步：返回"已卖出的宝贝"页面，在其中自动显示了订单修改后的价格，如图 2-21 所示。

图 2-21　查看修改后的订单价格

（4）修改客户信息

在客户拍下商品并完成付款后，有时会遇到一些特殊情况，如需要修改订单属性、收件人地址或者联系方式等。此时，就需要客服通过后台进行修改，具体操作如下。

第一步：进入卖家后台，打开"已卖出的宝贝"页面，在其中找到需要修改的订单，然后单击该订单对应的"详情"超链接。如图 2-22 所示。

图 2-22　单击"详情"按钮

第二步：打开"交易详情"页面，在页面底部的"订单信息"栏中单击要修改订单属性或者修改收货地址的超链接。如图 2-23 和图 2-24 所示。

图 2-23 修改收货地址

图 2-24 修改订单属性

技能点三 网店客服人员需具备的基本素质

客服是每个网店所必备的，一个优秀的客服可以帮助店铺提高收益、提高店铺在客户心中的形象，也会在店铺不断扩大的道路上为其添砖加瓦。优秀的客服人员必须具备服务态度、语言能力、专业能力、心理素质等多项基本素质。

1. 网店客服的基本素质

服务态度良好是从事淘宝客服行业需要具备的最基本要求。在与客户网上交谈过程中，遇到比较唠叨和难缠的客户也是常有的事，对于这样的客户也要保持微笑服务，把所有的负面情绪抹零，始终如一，保持镇静。

作为网店客服，想要提升服务态度可以从以下 3 个方面着手。

（1）微笑服务

利用旺旺表情，将耐心和热情传达给客户。在回答问题的时候可以多用语气词，像"哦""呢"等，还要多用"亲"。

最重要的一点是一定要多运用表情。毕竟聊天过程中看不到人的表情，一句话没有语气，可能会有截然不同的解读。给客户一个微笑，会让整个对话充满温馨，给客户不一样的感受。在交流的过程中加上语气词和表情之后，客户可能会觉得客服服务态度好。这样就有可能直接提高店铺的动态评分，间接增加客单价。

（2）礼貌先行

常言态度决定一切，这条准则对于网店客服同样适用。相信任何人都无法拒绝礼貌的语言。礼貌用语给客户被尊重的感觉。而客户咨询客服后，店铺的第一次回复会给客户意愿以很大的影响。所以作为淘宝客服，一定要随时习惯地运用礼貌用语！

淘宝客服一定要给自己设置一个欢迎光临的首次回复，并在接待过程中，记得把"你好"改成"您好"，把所有的"你"都改成"您"，细节很重要。除此之外，用词方面也一定要注意，在一组对话中有可能会因为一个词语就导致客户的流失。

（3）耐心回应

作为客服人员，主要的工作就是应对客户提出的各种疑问，要做好这一点，就需要熟练掌握这一行业的专业知识，同时要对自己的商品有信心，要以100%肯定的语气来回复客户。

销售其实是一个信心传递的过程，只要自己的商品质量能保证，不论客户怎么问我们都要底气十足地回答，如果表现出迟疑，那客户会产生不信任的感觉。此外，不管什么客户，只要其要求正常、合理，都要耐心对待！

2. 网店客服的标准要求

一个优秀的网店客服，应该符合以下标准要求。

（1）语言能力

语言能力是一个淘宝客服应该具备的最基本的能力，也是最重要的能力。由于网购平台的所有交易过程都需要沟通，也只能通过旺旺工具进行沟通，这种沟通的方式不是面对面的，具有一定的难度，不能准确地表达实际情况，文字在这个过程中起到关键作用。所以一个合格的客服必须具有良好的语言组织能力和表达能力。

下面提供了一些网店客服常用的基本话术供参考。

任何一个客户进入店铺询问时，第一句话应该是："您好！××欢迎您，很高兴为您效劳！"

当客户遇到问题时，可以说："您好！请不要着急！我们会帮您解决好的！"

当客户要求改价付款时，可以说："请稍等，我马上帮您改！"

当价格改好通知客户付款时，可以说："让您久等了，价格已改好，付款后我们会尽快安排发货！"

当客户完成付款时，可以发送合作愉快或再见表情。

（2）专业能力

一个合格的淘宝客服，必须对店铺的商品了如指掌，这样才能做到胸有成竹，解释起来才更有说服力，而不是当客户咨询一些专业的知识时，回答得驴唇不对马嘴，这不仅会让客户吓跑，更有可能直接导致退货或中/差评。

但这种专业的能力不是一天两天就能掌握的，需要在平时与客户交流中，以及从宝贝描述中不断地积累和总结。

（3）心理素质

在网购的大环境下，客服会遇到各式各样的客户，以及客户所提出的各式各样的问题，没有良好的心理素质和抗压能力是很难胜任的。这里的心理素质不仅仅是需要客服有强大的内心面对形形色色的客户，还要具有洞察客户心理的本领，随时抓住客户的心，了解客户的想法和动机，这就要求客服具备敏锐的洞察分析能力，从而引导交易成功。例如，讨价还价，其实这是任何一个正常的人都会想到的，"买卖当然可以还价"这已经是客户的一种习惯，不要理解为别人难缠，这时可以用委婉一点儿的语气让客户接受，而不是一句"我们的商品都不讲价的"完事。即使遇到客户无理取闹、态度恶劣的情况，作为客服人员也不能辱骂客户。

（4）服务态度

作为一名客服，态度是非常重要的，由于买卖双方均是在虚拟环境下进行交易，整个过程都只能通过语言、文字交流来进行，其中客服的态度会给客户最直接的印象，是决定客户是否愿意购买的关键因素。

不管什么情况，都要记得"客户是上帝"，不要冷落任何一名客户，对于自己的过失，应该主动向客户道歉，对于客户的过错，应该积极引导。

（5）应变能力

判断一个淘宝客服综合素质是否过硬，是否有应变能力相当关键，对于客户所提出的问题，除了要真实、客观地进行回答外，有时也需要客服灵活应对，思路清晰。在长期与客户的对话中，可以不断地积累与各种各样客户打交道的经验，在实际中灵活运用。

（6）交际能力

虽然购物是一个虚拟环境，但同样是人与人之间的交际活动，所以，如何处理好这个关系同样值得重视。特别是对于一些老客户，不要一开口就是"价格""数量"等与生意有关的东西，这样会让客户觉得你不把他当朋友，没有人情味。所以，对于经常光顾的客户，应该以朋友式的语气与其交谈，适当的时候可以聊聊与生意不相关的东西，拉近彼此的距离，这样更容易锁定一个长期的客户。价格方面，应当主动给予优惠，而不是等到客户开口后再谈。对于个别的问题，可以灵活应对，适当宽松一点儿，不要因为一点儿利益而损失一个长期的客户，当然，那种不值得长期交往的客户除外。

（7）规则制度

规则主要是指熟悉淘宝平台制度和处理问题制度。淘宝平台制度主要包括淘宝和天猫规则、客服雷区禁区、处理问题制度等，主要是要熟悉处理各种问题的规则制度，大多是售中以及售后问题。

例如，客户说东西少了或损坏了，这种情况是绝对不能随便承认，应该按规则处理。客户在快递单上签字即表示对商品的型号、数量、完好程度是无异议的，如果客户以此为依据来给中/差评也是无效的，特别是对于一些想利用中/差评来敲诈的客户，要想办法在聊天记录中摸清他的真实用意并留好证据，如"您是说不退货要我直接退款给您吗？""您是说如果我退款给您就不给我中/差评吗？"等原话，在纠纷中可以作为证据。

（8）中/差评处理能力

当遇到中/差评或者投诉的时候要学会去解决，要学会分析客户这样做的原因，要洞察客户的心理，拿出好的态度，按照实际情况，站在中间的立场来处理。作为卖家，在处理中/差评时，退让是一定的，但必须有一个度，绝对不能一味地用钱来买评价。客服人员一定要明白，做一项售后服务，最终目标是不管客户是否修改评价，必须要让客户满意。客户可以对这个宝贝不认可，也可以对这家店铺不认可，但是对你这个售后服务人员，对这家店铺的售后服务必须是要认可的。如果自己努力后客户还是不肯修改，就不要再去骚扰，这样只会适得其反，引发客户反感。

3. 网店客服需了解的客户购物心理

网店其实和实体店一样，会遇到形形色色的客户。了解客户购物心理显然是客户服务中最重要和最基础的一环。只有了解了客户的购物心理，网店客服人员才能制订有针对性的计划，从而得到更多的订单。常见的客户购物心理如下。

（1）求实心理

求实心理以商品的实用性为主要目的，客户在选购商品时不过分强调商品的美观悦目，而以朴实耐用为主。在求实心理的驱使下，客户首要重视商品的技术性能，对商品的外观、价格、品牌等方面的考虑则处于次要地位。面对这类客户时，网店客服人员应该体现自己的专业性，以真诚、专业、求实、耐心的态度获取这类客户的好感，从而提高商品在客户心中的可买性。

（2）求美心理

持求美心理的客户以追求商品的美感为主要的诉求，客户着重关注商品的款式、色彩以及时尚性等艺术欣赏价值。美的东西撞击到这类客户的神经和情感时就会使其产生强烈的满足感和快乐。这类客户在选购商品时不看重商品的实用价值，而是关注商品的风格和个性，追求商品的"艺术美"。对于这类客户，网店客服人员要推荐适合的商品，并尽可能展现商品的美观、款式等外在优势，对客户的选择多一点儿夸奖和肯定。

（3）求名心理

求名心理是一种以显示自己的身份、地位和威望为主要目的的购物心理。这类客户特别重视商品的品牌、价位、公众知名度，想以此来炫耀自己的社会地位和购买力。这类客户消费的核心目的是"显名"和"炫耀"，同时其对名牌有一种安全感，觉得名牌商品的质量信得过，不容易出问题。这类客户多见于功成名就、收入丰厚的高收入阶层，也见于其他收入阶层。

（4）求新心理

求新心理是以追求商品的时髦和新颖为主要目的的购物心理。购买商品时重视"时髦"和"奇特"，对于商品是否经久耐用、价格是否合理等问题考虑得比较少。其实，这类客户在多数时候也是最没有主见的，很容易被别人引诱。只要稍加引导，就容易使他们下定购买的决心。

（5）求廉心理

这类客户在选购商品时，往往要对同类商品的价格进行仔细比较，还喜欢选购打折或清仓商品，只要价格低廉，对于商品的其他性质都不太在意。

随着网店数量的增多，商品的价格也越来越透明。针对这个特点，商家需要选取几种质量不错的商品，给这些商品设置较低的价格来吸引客户。

网店客服人员在与这类客户的实际交流中，应当在心理上对其进行鼓励，利用各种优惠措施留住客户，让客户感觉物美价廉，满意而归。

（6）从众心理

这类客户看到别人买的商品不错时，也会前去购买。同样的商品、同样的价格，卖势不错的店铺的客户会越来越多，而卖势不好的店铺肯定是冷冷清清的。所以网店客服人员要拿出十二分的诚信和热情去完成一笔交易，而且只要有客户光顾，网店客服人员一定要充分发挥时间上的优势，不厌其烦地认真与客户进行沟通和交流。在商品的销售过程中，网店客服人员可以利用这种购物心理。例如，说明这件商品是时尚人士所推荐的、名人爱用的，也可以把以前的成交记录或客户的评价都展现在商品详情页中。

（7）求安心理

求安心理以追求安全、健康、舒适为主要目的，此类客户更加注重商品的安全性。对于欲购的物品，他们要求在使用过程中和使用以后，必须保障安全，如食品、药品、护肤品、电器和交通工具等，不能出任何安全问题，面对这类客户时，网店客服人员要善于利用专业知识向客户强调商品的安全性与环保性，借助官方权威的证明，让客户感觉商品有安全保障。

技能点四 实训案例：某品牌天猫官方旗舰店岗前培训

岗前培训是客服工作的前期铺垫性工作，对整个客服职业生涯和短期实训都具有很重要的作用，凡事预则立，需要通过培训让员工充分了解客服岗位职责和工作内容，才可以在以后的工作中事半功倍。

1. 客服岗前培训管理制度

第一条 培训目的

为规范公司新员工入职培训工作流程，确保公司新进员工迅速适应工作岗位，尽快熟悉公司情况、融入公司文化、适应公司制度和行为规范，特制定本管理制度。

第二条 培训对象

公司新入职员工（分批次或单个人员）。

第三条 培训内容

（1）资料准备

1）公司概况

①公司发展史及现状；

②公司文化、公司核心竞争力；

③公司组织架构和主要管理层介绍；

④公司主要业务范畴和职业技能要求及具体工作流程。

2）规章制度

①考勤管理制度、休假制度、薪酬福利制度、劳动关系管理、奖惩制度、行政管理规章制度等；

②财务报销流程及注意事项。

3）行为规范、员工礼仪

4）工作岗位职责介绍

（2）岗前培训（入职前进行培训）

按照《培训手册》，由人力资源部组织实施。

（3）在岗培训（由用人公司在岗实操代训）

1）总经理介绍部门的相关情况，指定带训老师；

2）主管对新员工进行工作描述、职责要求；

3）主管分配新员工工作任务；

4）岗位确定后进行实操代训，如工作流程、岗位技能培训等；

5）参加岗位相关的内部培训。

第四条　培训方式

（1）岗前培训：入职手续办理以后，由人力资源部按照《培训手册》组织实施培训，视其人员多少决定授课的形式。

（2）在岗培训：主要在试用期（1个月至3个月）由新员工所在部门负责人安排相应人员对其进行传帮带，随岗随教随学，综合掌握其工作能力、品德品行、性格特征等情况，由人力资源部全力跟踪督导，全权指导、管理。

第五条　培训时间

岗前培训：培训7天，总计49小时，其中，集中培训5天，集中自学2天。培训结束后组织考试，考试重点是公司制度和公司文化、客服工作基本技能，由人力资源部组织实施。

第六条　培训考核

（1）岗前培训后，由人力资源部会同用人部门对培训对象进行综合考核与评价。综合考评分为100分，其中，岗前培训考核占综合考核评价结果的20%，试用期在岗培训综合考核评价占80%。

（2）在岗培训考核，主要以实操考核为主，通过观察、测试等手段，考查受训员工在实际工作中对知识或技巧的应用，特别是品德行为表现，由其所在部门的领导、同事及人力资源部共同鉴定。

第七条　培训工作流程

（1）人力资源部根据本制度，结合新入职员工的人数拟定岗前培训具体方案。方案包括：培训时间、培训地点、《培训手册》准备等。

（2）人力资源部负责做好培训全过程的组织管理工作。

（3）人力资源部负责岗前培训结束当日，组织学员填写《新员工入职培训（岗前培训）反馈表》。

（4）新员工岗前培训结束后，分配至相关岗位接受在岗培训，由各部门负责人确定指导教师实施培训，培训结束时，由人力资源部协助，相关负责人填写《新员工在岗培训记录表》

（5）人力资源部在新员工接受上岗引导培训期间，应不定期派专人实施跟踪指导和监控，综合分析、评估在岗培训的实际效果和带来的经济效益，随时调整培训策略和培训方法。

2. 客服岗前培训流程

客服的岗前培训是客服人员在正式上岗前进行的理论和上机的学习和测试，主要内容包括对公司情况了解、工作内容、工作职责、专业知识、专业技能、软件使用等。岗前培训会制定详细的流程表，对每天和每节课进行规范，内容相对较多，需要新员工高度重视，做好笔记，通过测试。如表2-1所示。

表 2-1　岗前培训流程及内容表

时间	培训内容	培训目的	相关文件/材料	培训要求	考核方式
第一天	入职及自我介绍	了解公司企业文化以及相关工作说明，明确性质、目标	客服主管介绍	了解公司文化、基本规章制度，明确岗位职责以及工作内容、客服岗位晋升制度	抽查
	部门人员介绍				
	添加进入公司群，介绍群的主要用处				
	公司介绍、以及公司制度培训		公司架构		
	客服相关制度说明		客服工作制度		
	岗位职责、工作内容讲解		客服工作划分文件		
	破冰（团建及聊天）				
	打字速度测试		金山在线打字		
	新人工作注意事项		相关内容视频		
	店铺介绍		客服主管介绍客服负责的店铺状况		
	店铺页面浏览		从店铺主页到每款商品的页面		
第二天	前一天培训总结	了解岗位操作流程、网站购物流程、客服服务意识等，加深对本岗位工作了解，便于开展工作		了解平台规则、熟悉商品和品牌	考试
	客服服务意识、服务流程培训		客服态度培训文件		
	天猫/京东规则培训		规则文件、阿里巴巴认证课程		
	规则考试		考试文件		
	商品培训		1～2 小时客服主管讲解		
	品牌培训				
第三天	前一天培训总结	了解工作工具，具备工作基础		学会使用工作工具	抽查
	千牛等工具介绍		听课，老带新		
	熟悉后台操作		听课，老带新		
	客服需要登记表格		表格模板发送、案例参考		
	回顾 3 天知识		复习		
第四天	前一天培训总结	进一步了解客服岗位工作细节，了解客服工作操作流程、团队协作流程		熟悉日常工作流程、熟悉并学会怎样使用快捷短语	抽查
	客户购买流程		购买流程图		
	售前/售后客服接待流程		服务流程图		
	售前销售流程/售后退换货流程/中/差评处理流程		流程图		
	团队内部交接流程		人员对接图		
	快捷短语搜索技巧、分类介绍		QA 问答表、客服群公告		

续表

时间	培训内容	培训目的	相关文件	培训要求	考核方式
第五天	前一天培训总结	了解客服各个知识点,培养客服独立上机能力		能接待服务好每一个客户,快速准确的响应客户的问题	考试
	高级售前客服培训（销售技巧、催付、关联销售）		高级售前客服PPT,阿里巴巴认证课程,淘大云课堂（如何搞定不同类型的客户）		
	高级售后客服培训		高级售后客服PPT,阿里巴巴认证课程		
	优秀售前/售后案例分析		案例文件		
	查看老客服聊天记录		后台查看		
	情景模拟		实景测试		
第六天	蚂蚁绩效/客服魔方数据讲解	了解自己工作情况,确认自己的工作目标	赤兔软件讲解	了解赤兔软件相关数据,完成工作目标。做到独立上机	学完自行复盘
	绩效考核讲解				
	巩固前面所学知识				
第七天	独立上机操作,后台处理	完全熟悉本岗位各项工作流程及操作	无	要求能完全独立操作,无严重差错	查看与客户聊天记录

本项目主要对客服岗前准备的相关知识进行介绍,包括网店客服人员需要具备的理论知识、岗位操作技能、基本素质,以及需要了解的客户的各种购物心理。

psychology	心理
train	培训
executive director	主管
manager	经理
typing	打字
summary	总结
case	案例
ability	能力
smile	微笑
postage	邮费

1. 选择题

（1）一名优秀的网店客服不仅能够维护好网店形象，还能及时地对客户进行引导工作，从而为网店带来更多的销量和更高的（　　　）。

A. 跳失率　　　　　　　　　　　B. 连带率

C. 转化率　　　　　　　　　　　D. 退款率

（2）恶意骚扰是指会员采取恶劣手段骚扰他人、妨害他人合法权益的行为。对于情节一般的，对会员屏蔽店铺（　　　）天。

A. 7　　　　　　B. 3　　　　　　C. 15　　　　　　D. 30

（3）作为一名网店客服，除了要掌握网店运营规则、付款知识等基础知识，还应熟悉（　　　），包括不同送货方式的选择、不同物流的其他信息等。

A. 运营　　　　　　　　　　　　B. 付费推广

C. 利润核算　　　　　　　　　　D. 物流知识

（4）关联销售可以提高流量利用率、增加访问量、（　　　）、提高访问深度。

A. 增加跳失率　　　　　　　　　B. 减少跳失率

C. 增加连带率　　　　　　　　　D. 减少连带率

（5）通过千牛工作台，客服可以与客户沟通或进行交易管理等操作。以下不属于客服使用千牛工作台的操作有（　　　）。

A. 数据分析　　　　　　　　　　B. 与客户沟通

C. 订单查询　　　　　　　　　　D. 订单改价

2. 填空题

（1）（　　　）是卖家的基本义务。

（2）客户在签收商品之日起（　　　）天内，对支持七天无理由退货并符合完好标准的商品，可发起七天无理由退货申请。

（3）（　　　）是指卖家未按照约定向客户提供承诺的服务、妨害客户权益的行为。

（4）网店客服人员应当对商品的规格、（　　　）、安装及使用方法、保养与维护、关联销售等都有所了解。

（5）作为一名网店客服，除了要熟悉平台运营规则、付款和物流知识，还要熟练掌握与客户沟通的交流工具（　　　）的操作方法。

3. 简答题

（1）客服需要满足的八大标准要求分别是什么？

（2）客户的购物心理有哪几种？

项目 3　售前服务技能

通过售前客服技能章节的学习，了解与客户沟通的原则，熟悉客户咨询流程，掌握打消客户疑虑的方法，具备针对性地介绍商品的能力。

- 了解与客户保持理性沟通的方法；
- 熟悉为客户提供高效服务的方法；
- 掌握客户需求，有针对性地介绍商品；
- 具备成熟的销售技巧和话术。

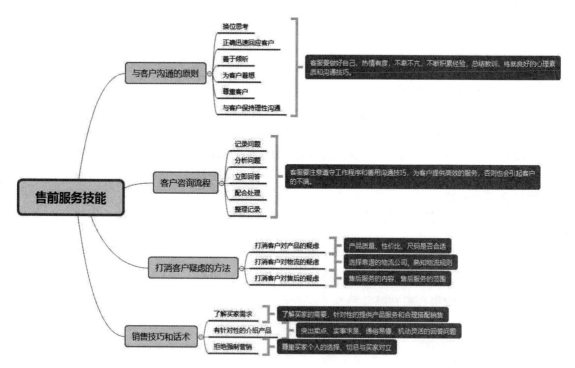

【情景导入】

　　小 A 从事网店客服工作快两年了，经她服务达成的订单量一路攀升。凭着不断积累的工作经验和孜孜不倦的工作态度，小 A 从最初的普通客服晋升为高级客服。今天，小 A 又成功服务了一位挑剔的客户。下午 3 点左右，小 A 收到了客户的询问消息："一样的商品，为啥你家店比别家店要贵呢？"小 A 立刻回复："您好！首先非常感谢您关注我们的商品！亲，我不知道别家店的商品是不是与我们一样，但我们商品的品质是有保证的。另外，我们还提供发票，全国联保哟！"客户："但是，你们的商品贵了近 100 元呢！"小 A："表面上我们的价格是高了一些，但实质上减去我们返给您的积分，再加上我们的赠品，也算是比较优惠了。而且积分可以在下次购物时当现金用哟！"客户："说是当现金用，但真正使用时会不会又有各种限制条件？"小 A："亲，请您放心，我们网店的积分是直接抵扣订单金额的，绝无任何附加条件。另外，我看您此次的订单金额也已经满足我们网店 VIP 会员的待遇，下次再来本店购物，除了可以使用积分抵扣订单金额，还可以享受所购商品 8.8 折优惠。亲，不要犹豫了，赶紧下单吧！"果然，过了一会儿，客户就下单完成了付款。

【任务描述】

　　随着时代发展，在消费市场领域，形成客服行业的价值观地从"以商品为中心"迅速转换为"以客户为中心"，网店将客户体验放在越来越重要的位置。一个好的售前体验，既能提高客户的满意度，又能培养忠实客户。客服提供给客户的售前体验主要包括服务态度体验、客服专业性体验、合理选择体验、价格优惠体验等，这些客户体验覆盖了客户选购商品的各个环节，使客户能在整个购物过程中感受到自身的重要性。

　　网店客服的售前服务是客户服务体验的第一道关卡，客服要在接待客户时始终保持良好的服务态度，以专业技能和服务体验打动客户，使客户在购物过程中始终能够享受到专业化、贴心化的全面服务。在与客户交流的过程中，应该时刻把以人为本的原则放在首位。

技能点一　售前与客户沟通的原则

　　与客户沟通是一个运用技巧的过程。每一位客户的个性、素质、修养都有差别。当遇到难以应对的客户时，客服唯有做好自己，热情有度，不卑不亢，不断积累经验，总结教训，练就良好的心理素质和沟通技巧，才能在沟通中做到游刃有余。

1. 换位思考

　　换位思考是交易过程中非常重要的沟通技能。只有站在客户的立场上，从客户的角度出发，客服的倾听才会更有效、更到位。客服在倾听时要抛弃自己的主观成见，换位思考，设身处地地为客户者想。图 3-1 所示的聊天场景就是客服通过换位思考解决问题。

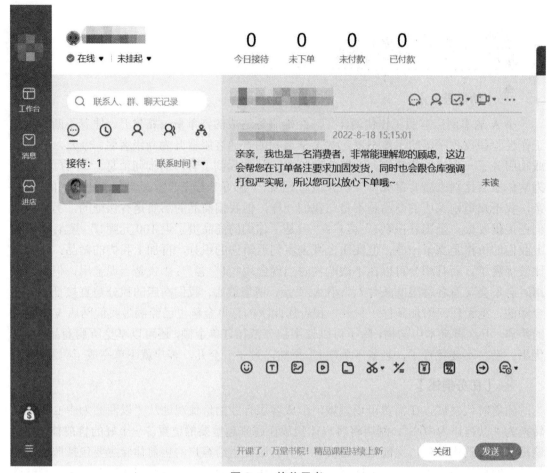

图 3-1　换位思考

　　假设自己是客户，客服便能更好地理解客户所遇到的问题，并为客户提供更好的解决方案。此外，换位思考还可以消除客户的防备心理，使沟通更有效。

2. 正确迅速回应客户

　　沟通是双向的，客服也要适时地表达自己的观点。客服适当地给客户一些积极的回应，不仅可以让客户感受到被尊重，而且还有利于客服的思维跟上客户的节奏。只有客服积极鼓励，客户才能更有效地表达，客服也能够获得更多、更有效的信息，从而为客户提供更优质的服务。客服在积极回应客户时，尽量不要一直用"是的""对"等词机械地回复。要灵活掌控沟通进度，激励客户在轻松、友好的氛围中把所能想到的内容都表达出来，并对客户的表述做出适当反应，如"我赞同您的说法"等。

3. 善于倾听

　　真正地倾听，除了要了解客户言语所表达的意思之外，还要琢磨出客户的言外之意。例如，某位客户在咨询问题时，客服立即给出了相应的解决方案，但客户说："那好吧，我考虑一下。"这样的表述说明这位客户对该客服很失望。如果客服在工作中听出了客户语气中的不友好态度，应马上安抚，并表示歉意，然后再询问发生事情的缘由，而不是老老实实地正面回答客户的问题。学会倾听客户的弦外之音，才能找到成交的关键点。当注意到客户有难言之隐时，应委婉试探，当发现客户有怨气时，应询问是什么事情让客户不满，等排解了客户的怨气之后，再试图解决问题。客服只有善于倾听，在沟通中了解客户的真实想法，才能把服务做好。

4. 为客户着想

现在是一个快节奏、高效率的时代，客服在为客户提供服务时，首先要考虑如何节省客户的时间，为客户提供方便、快捷的服务。只有设身处地地为客户着想，才能让客户满意。图 3-2 所示即是为客户着想的案例。

图 3-2　为客户着想

事实上，许多客服并不了解客户的需要和期望，所以沟通结果往往不太理想。比如自己失误，客户收到了不合适或者不满意的商品，此时客服也要为客户着想，因为买到不喜欢的商品，谁都不会高兴。若此时客服一口回绝或说话理直气壮，很可能导致客户退款、给予差评，甚至投诉。此时，客服应该引导客户说出症结并给其合理的建议，相信客户也能心平气和地接受并最终解决问题。

5. 尊重客户

客户对于网上购物活动的参与程度和积极性在很大程度上依赖于其受到的尊重程度。只有出于对客户的信任和尊重，真诚地视客户为朋友，给予客户可靠的关怀和贴心的帮助，才是面对客户的正确心态，才能赢得客户。

客服始终要坚持客户至上的原则，以百分之百的细心、耐心、诚心做好每一笔交易，让每位客户都有宾至如归的感觉，开心愉快地购物，这样获得回头客的概率就会增加，同时会带来更多效益。图 3-3 所示为客服尊重客户的聊天场景。

图 3-3　尊重客户

6. 与客户保持理性沟通

网店和实体店一样，也会遇到形形色色的客户。有的客户过于挑剔，问几天也问不完；有的客户言语间对客服不太尊重，连问话都是质问式的，这些情况都有可能在沟通过程中让客服的情绪爆发。如果客户的行为真的很让人生气，那么客服也一定要保持理性与冷静，不要在有情绪时做出任何决定，因为带有情绪的沟通只会引发争执，不会有好的结果。唯有靠理性说服对方，才是解决问题的方法；也只有彼此理性地沟通，才能得到双赢的结果。

技能点二　客户咨询流程介绍

客服人员在日常工作中遇到最多的就是客户的咨询。尽管客户在咨询时不会像投诉时情绪那么激烈，但客服人员仍要小心应对，不仅要用专业的业务知识熟练地解答客户的疑问，而且要注意遵守工作程序和善用沟通技巧，为客户提供高效的服务，否则也会引起客户的不满。

1. 记录问题

客户提出问题时，客服人员一般需要对问题进行记录，原因在于两个方面：一方面，不一定马上就能解答出这些问题，需要先记录下来研究后再回复客户；另一方面，记录下来的问题的答案还可以丰富快捷回复用语，为以后解答类似问题奠定基础。

下面是客服人员在面对客户提问但不确定答案时，采用的是先将问题记录下来、稍后回复客户的方式的案例。

客户：您好，这件"现代套装组合皮布沙发"商品怎么样？

客服：您好，这件商品卖得很好，您可以放心购买。

客户：那就好。我想问一下，这件商品有多高、多宽？怎么安装？运输过程中会不会出问题？快递能否送货上门？

客户连续问了好几个问题，客服人员因为对其中一些问题的答案不是十分确定，于是马上答复：非常抱歉，我是新来的，不是太了解具体情况，我 3 分钟后回复您，可以吗？

（3 分钟后）客服：您好，您问的几个问题的答案是这样的……（客服人员一次性回答完客户的所有问题）

客户：谢谢你。

在跟客户沟通交流的过程中，养成及时记录的习惯很有必要。因为客服人员不可能做到过目不忘，如果忘了，再次求证可能会引起客户的不满意，所以及时记录客户的问题，就不会有所遗漏，从而能够有效避免"再次求证"这种让客户感到不满意的情况发生。在记录的过程中，对不理解的地方要及时向客户询问和确认。

2. 分析问题

客服人员可能会遇到客户提出的各种各样的问题，因此必须具备一定的问题分析能力。客服人员只有准确把握问题的实质，才能给出客户想要的答案。客服人员准确分析客户的问题，对症下药，将会对提高客户满意度起到非常重要的作用。分析问题首先要准确理解客户的语意，客户经常会表达不清或者说的并不是问题的实质，客服人员要仔细分析。

下面是客服人员在回答客户问题时，分析客户问题的案例。

客服：您好，请问有什么可以帮助您的吗？

客户：你好，我从你们店里买的电热咖啡壶怎么不保温，而且煮出来的咖啡也不香呢？

（客服人员心想：我们的电热咖啡壶的质量很好，一般不会出现不保温的情况，可能是客户操作不当引起的，于是开始询问客户。）

客服：这样啊，请问您把水放入电热咖啡壶后，有没有持续通电呢？

客户：哦，这时候还要通电呀，那我明白了，可我煮的咖啡怎么不香呢？

（客服人员心想：导致咖啡不香的原因比较复杂，可能是所用原材料的问题，也可能是客户煮咖啡的技巧不好，还可能是客户的口味独特，但和我们的电热咖啡壶一般不会有太大的关系，这是一个客户期望过高的问题，我不能给他提供可行的解决方法，只能让他高兴一点儿，以免给他留下不好的印象。）

客服：哦。请问您用的是什么咖啡豆？

客户：我用的是从牙买加进口的蓝山咖啡豆，很好的呀！

客服：嗯，看来您确实很喜欢咖啡，建议您将咖啡豆磨得更细一些，味道可能会好点儿，您有没有尝试过速溶咖啡？

客户：嗯，煮出来的速溶咖啡的味道倒是挺好的。

客服：哦，速溶咖啡固然好喝，但是用自己磨出来的咖啡豆煮的咖啡喝起来可能更有成就感，您有时间可以在网上查找一些相关资料以获得更好的煮咖啡的技巧，因为我对煮咖啡也不是特别在行，这里也不能给您提供更多的建议了，不好意思。

客户：哈哈，没关系，已经很感谢你了。

3. 立即回答

如果客户咨询的问题是立即就能够回答的，这时客服人员就不要含糊其词，应尽快告诉客户他所需要的信息。在下面的案例中，客户咨询的是一个比较简单的关于商品的问题，客服人员立即回答了，且达到了客户的预期。能够当场回答的问题，客服人员应热情、高效地回答客户。客服人员回答问题时应注意自己的表达方式，要尽量将答案说清楚，让客户听明白。

客服：您好，这里是××店，请问您有什么需要帮助的吗？

客户：你好，我有个问题想要请教一下。

客服：请教不敢当，您有什么问题就直说吧，很高兴为您服务。

客户：我买了一套你们的家电，现在安装完成了，我想问一下这种电器需要磨合吗？

客服：需要的。

客户：那磨合期是怎么算的呢？

客服：我们这种电器对磨合的要求不是那么严格，您只需要在前期的使用过程中适当注意就可以了，磨合期大概在一星期以内，磨合期不要高功率运行，也不要突然关机，尽量保持平稳匀速运转。

客户：哦，我明白了，这种电器的前期磨合对后期使用的影响不大吧？

客服：不会特别大，但也有一定影响，我建议您还是尽量按照说明书来操作。

客户：好的，我明白了，谢谢！

客服：不客气，您还需要其他帮助吗？

4. 配合处理

在某些情况下，客户咨询的问题是客服人员一个人无法答复或客服人员的回答是无法让客户满意的，可能需要同事或者上级的帮助，这时客服人员就应向同事或上级积极求助，共同解答客户的问题。有时候客户因为不信任客服人员，执意要与此客服人员的领导沟通，客服人员应极力劝说客户相信自己，如果实在无能为力再寻求上级的帮助。

下面是客服人员配合处理客户问题的案例。

客服：您好，我们是××家居店，请问有什么需要帮助的吗？

客户：你好，我想咨询一下，购买你们家具的程序是我们先下订单，然后你们生产吗？

客服：是的，我们将根据客户的订单生产、加工家具。

客户：那要是按我们设计好的样式呢，也能生产吗？

客服：这正是我们店的最大特色之一，我们可以生产出客户想要的家具。

客户：这样挺好，那你们是不是也会承接来料加工的业务呢？

客服：对不起，这个我需要问一下领导才能给您答复，请您耐心等待一下好吗？

客服人员向领导咨询完后再给客户答复。

5. 整理记录

客服人员在处理客户咨询时，最后一项工作就是整理记录，对于客户提出的一些比较新颖的问题，无论能否给予比较完美的回答，都应整理记录并将问题的答案归入快捷回复用语，以便以后共同研究对策或供下次遇到类似问题时借鉴。客户经常会咨询一些在客服人员看来比较怪异的问题，但这些问题可能对客户来说很重要，如果客服人员不能回答就可能面临客户的流失。所以客服人员要把这些问题记录下来，寻求答案以备下次借鉴。

技能点三　打消客户疑虑的方法

客户对商品产生疑虑不外乎有三个原因：商品质量不好，退换货又太麻烦；商品价格贵，性价比不高；商品可能不适合自己。其实只要在网上购物，客户都会产生这些疑问，并不仅仅针对某一家店铺或某一件商品。既然问题客观存在，客服就应该对比进行解释，让客户放心购买。

1. 打消客户对商品的疑虑

（1）关于商品质量

在淘宝购物，客户看不到实体商品，只能通过详情页中的图片和文字介绍对商品有一个初步印象，产生任何怀疑都在情理之中。虽然客户还在犹豫"该不该买"，但内心其实已经倾向于"买"这个选择，提出质量担忧也是想再吃一颗定心丸罢了。客服这时可以用专业的服务和一些销售数据来打消客户的这些疑虑，如从品牌、口碑、售后等各方面说服客户。如图 3-4 和图 3-5 所示，图 3-4 为某商品的资质证明，图 3-5 为另一种商品的销量证明，这些数据也从侧面反映了商品的质量。如果客户还对质量有所怀疑，客服不妨使用以下几种常用句，从商品的各方面情况进行说明。

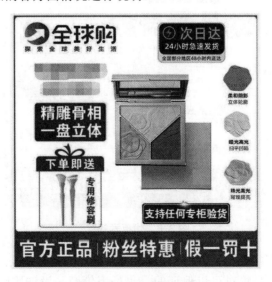

图 3-4　商品资质证明

图 3-5　销量证明

——所有的宝贝都是专柜正品，接受专柜验货，亲可以放心选购。

——请放心购买，本店售出的所有商品都提供质量保证及 7 天无理由退换货售后服务。有任何疑问都可以联系我们。

——我们的商品已加入消费者保障服务协议，商品有质量问题，淘宝先行赔付，请放心选购。

——收到宝贝的 7 天之内，只要您对我们的商品有任何的不满意，您都可以申请退款。

（2）关于性价比

"性价比"是一个相对概念，不同消费水平的消费者对商品的价格要求也不同，所以客服要把这个道理告诉客户，同时还要表明商品面向的消费群体。图 3-6 所示为商品正在参加活动并且可以领取优惠券，它从侧面反映了商品当前的性价比。针对性价比问题，客服可以参考以下回复方式。

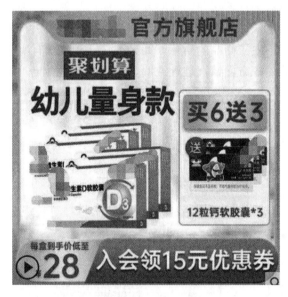

图 3-6　优惠券领取

——亲，店铺首页可以领取优惠券呢！叠加活动，性价比是非常高的。

——我们家商品的质量是绝对可以保证的，也是廉价商品没法比较的。看商品评价就知道了。

（3）关于商品是否合适自己

遇到客户担心商品是否适合自己的问题时，客服可以先了解客户的喜好，再根据自己对商品的了解给客户提供一些意见和建议。但客服应该注意的是，自己只是给建议，具体购买什么还是应该由客户自己决定，客服切勿强迫客户。针对客户提出的是否适合自己的问题，客服可以参考下列回复方式。

——按平时穿着的尺寸购买就可以了，如果您不放心，您也可以提供尺寸给我们，这边为您挑选适合您的。

——这款商品适合所有肤质呢，目前还没有收到有人说不适合自己的反馈哦，所以您可以放心购买。

——对于亲的这种情况，这一款的比较适合您，颜色、款式都比较搭，亲可以比较一下，选择性地购买。

下面是案例展示。

客服：亲，这边看到你刚刚下了个订单但是没有付款，是还在考虑中吗？

客户：是啊，有点儿担心穿不了。

客服：这是今天刚上的新款，各种尺码都有的，今天下单不仅包邮还送船袜，还是比较优惠的。

客户：我稍微有点儿胖，怕穿不了。

客服：这样吧，亲可以跟我说下你的身高和体重，我帮你看看合适的尺码。

客户：好的，身高 165cm，体重 55kg。

客服：嗯嗯，这边看了下，穿 L 码就好了，L 码比较修身；选 XL 码的话会稍微有点宽松，建议选 L 码。

客户：那我换个尺码，重新下单吧，谢谢。

客服：嗯嗯，不客气的，很高兴为您服务。

2. 打消客户对物流的疑虑

客户对物流的疑虑一般表现在是否包邮、是否能及时发货、是否能送货上门等。解决这些问题的根本在于物流公司的选择。卖家应该选择一家靠谱的物流公司，同时客服还要掌握合作物流公司的交易原则、配送点查询方法等内容，面对客户询问的物流问题能及时、完整地回答，消除其对物流的疑虑，使客户安心下单购买商品。

（1）选择靠谱的物流公司

一家好的物流公司对卖家无疑是加分项，配送员态度温和，服务周到，责任感强，客户感受到这种物流服务后，自然对商品也多了一份喜爱。随着网购的发展，物流公司如雨后春笋般发展起来，物流运输方式也十分多样。当然，物流行业越发展，它的两面性也越突出。大家享受物流带来的便捷的同时，也不免对个人安全和个人信息安全产生担忧，网络上就时有快递员入室犯案的新闻出现，这就足以说明物流公司的选择十分重要。

下面介绍几种选择物流要参考的因素。

1）网点覆盖。

网点覆盖可以说是最为重要的因素，物流公司的网点分布、网点密集度都是选择物流公司的标准。物流公司网点越多，说明其服务的范围也越广。

2）服务和报价。

服务指的是各种物流配送服务和附加服务，如保价运输、代收货款、包装、上门接货、送货上门、签收回单等。由于物流市场竞争激烈，很多物流公司都相继推出了自己的特色服务，如顺丰物流的免费送货上门、次日达等。当然，服务好的物流公司价格一定也不低，所以物流报价也应该列入选择因素，物流费用越高，成本就越大。选择物流公司时最好考虑性价比，不一定选择价格最便宜的，可以选择中等价位但服务比较好的物流，毕竟便宜的不一定是最好的选择，价格适中、服务优质的物流公司性价比通常都很高。

3）品牌和口碑。

品牌物流公司有着严格的运作质量标准，对破损率、丢失率、签单返回率、发车（到货）准点率等也都有严格的指标把控。同时，品牌公司的网点覆盖、配送路线、运输方式、服务、价格等也是有保障的，很少出大问题，最后一个就是口碑，要看以往客户对物流的评价，这一点可以去网上查一查，同时咨询几个比较有经验的同行，或者让别人直接推荐，实在不行的话就自己一个个地试，在使用过程中总结经验，择优选择。

（2）熟知物流规则

客服应该了解和掌握一些物流规则，如物流价格、网点查询方法等，具体如下。

1）了解不同物流公司的联系方式。客服可以在计算机上制作一张各快递公司联系方式的 Excel 表格，内容包括快递公司的官方客服电话、最近的网点电话、负责收件和派件的快递员的联系方式等。客服有任何不清楚的物流问题，都可以及时打开这张 Excel 表格，通过电话咨询获取答案，并将答案回复给客户。

2）了解不同物流公司的网点查询方法。物流网点在物流公司官网上就可以直接查询，在文本框中输入客户提供的地址即可查询到离该地址最近的网点。客服可以将常用的几个物流公司的官网或网点查询网页收藏在浏览器的收藏夹里，启动浏览器可以直接在收藏栏中单击进入查询界面，比较方便。

3）了解合作物流公司的运输方式、价格、计价方式及议价空间。

4）了解合作运输方式的速度、大概时间范围。

5）了解不同物流方式的包裹撤回、地址更改、状态查询、保价、问题件退回、代收货款、索赔的处理等。

6）常用网址和信息的掌握：快递公司的联系方式、邮政编码、运费查询、汇款方式、批发方式等。

客服在实际工作中不可能同时记住所有物流公司的计价方式，只能重点记住与店铺合作的物流公司的情况。同时客服在手边也应准备一份各物流公司的电话，或在计算机中存放一张各物流方式的计价表，这样遇到选择其他公司物流的客户，客服也能第一时间解决问题。

除了上面这些应该了解的物流信息外，客服还可以在千牛后台设置一些快捷短语，一旦客户咨询到这些问题，每条消息都手动输入。下面是一些示例。

——您好，亲，本店默认申通快递，您看申通快递能到您那里吗？

——亲，如果您很着急的话，我们建议您采用顺丰快递，但价格稍微贵一点儿。需要另外支付 15 元的快递费用。

——您好，亲，由于您是要发往新疆（西藏、广西）地区的，快递路程较远，快递公司对这些地区加收了快递费用，所以我们需要再加收您 15 元的快递费用。

——我们不能承诺具体到货时间。快递和邮局的速度，我们不能左右和改变，请您理解包容！

——您好，EMS 的收费标准是全国范围 20 元，超重也无需加钱。

——您好，物流公司的发送效率我们是没有办法控制的，感谢您的理解。

——您好，申通不可以到达的地区，我们一般改为发 EMS，但是需要您补一下邮费哦。

3. 打消客户对售后的疑虑

其实每个人多多少少都有一点儿"被害妄想症"，事情还没有发生就用不好的结果来吓自己。例如，客户在网上购买商品，一开始担心商品的质量不好；等客服确认质量没问题之后，又担心物流问题；等客服好不容易说服了客户，商品售后服务得不到保障又变成最新的、最重要的问题。

售后服务对任何商品来说都是至关重要的，如果没有售后服务一说，至于客户购买之后的使用体验、后期商品维护和商品维修都不在他们的考虑范围之内。正是考虑到售后服务这一点，客户才害怕自己的权益得不到保障，所以客服应该把售后服务的内容、售后服务的范围跟客户说清楚。

（1）售后服务内容

不同类型的商品售后服务内容也不一样，如服饰类商品的售后服务为无理由退换、家电商品的售后服务为三年保修等。并且越大的品牌商其商品的售后服务内容越多、服务质量也越高，像一些品牌官方在网上出售的商品，客户凭购买发票在实体店铺中也能进行免费护理。所以这类商品在出售时，客户不用考虑售后是否能得到保障，他们更多地考虑商品本身、自己是否喜欢、自己能否承担价格等。

应该理解客户对售后问题的这些顾虑，同时还要熟悉客户最为关注的售后问题。

1）代为消费者安装、调试商品。

2）根据消费者要求，进行有关使用等方面的技术指导。

3）保证维修零配件的供应。

4）负责维修服务，并提供定期维护、定期保养。

5）为消费者提供定期电话回访或上门回访。

6）对商品实行"三包"，即包修、包换、包退（许多人认为商品售后服务就是"三包"，这是一种狭义的理解）。

7）处理消费者来信来访以及提出的问题。同时用各种方式征集消费者对商品质量的意见，并根据情况及时改进。

（2）售后服务的范围

售后服务的时间范围一般是特殊商品才会考虑的一点，如皮具的保养和修理时间、电器维修时间等，这类问题客户比较常问到，这也是客服上岗前需要培训的内容。另外，关于"商品质量问题"和"非商品质量问题"的区分，也是客服一定要熟知的范围。

1）商品质量问题：因此商品本身质量而引发的售后问题，如服装开线、皮具脱胶、电子商品程序错误等，这类售后问题属于售后保障的范围。

2）非商品质量问题和商品因不可抗自然原因等造成的商品问题：这类问题不是商品本身存在的问题，而是在使用过程中因为使用不当、维护不力或自然灾害造成了商品问题，这类售后问题不属于售后保障的范围。

技能点四　客服销售技巧和话术

客服的存在是为了给店铺带来更多的转化，转化其实就是成交。所以客服的本职工作还是销售工作，做好销售工作，不仅需要熟练操作通信工具、熟悉平台规则、店铺商品知识及活动外，还一定需要"会聊天"。

1. 了解分析客户需求

需求就是需要和要求，客户询问客服必定是有商品或服务上的需求，弄清这些需求可以帮助客服更容易地完成销售任务。

（1）了解客户需要什么

在了解客户需求前，客服应该知道自己商品的定位、适宜的人群以及消费者的平均消费水平等信息。只有对这些有大致了解，才能准确判断购买商品的客户应该归属于哪一类人群，然后再根据和对方的谈话确定客户的需求。对这些有大致了解，才能准确判断购买商品的客户应该归属于哪一类人群，然后再根据和对方的谈话确定客户的需求。

美国心理学家亚伯拉罕·马斯洛 1943 年在《人类激励理论》一文中提出：人类需求像阶梯一样从低到高按层次分为五种，分别是生理需求、安全需求、社交需求、尊重需求和自我实现需求。这些需求在购物中也得到了充分体现，如表 3-1 所示。

表 3-1　需求阶梯表

类型	说明	表现	措施
生理需求	表面/本质	表面：只关注价格、价值 本质：对商品本身的需求	低价策略 "折扣""赠礼"等
安全需求	观感、效应、保障	观感：视觉 效应：功能 保障：功效	店铺装修、商品包装、功能、功效重点营销"植物""纯天然""非转基因"等
社交需求	情感（亲情、爱情、友情）	情感对选择影响较大，更偏向家庭、朋友圈、爱人	情感引导、情感营销"七夕好礼"
尊重需求	面子、意义	面子：自尊心 意义：小众	定制、限量
自我实现需求	品牌、地位	品牌：自我定位 地位：高端	品牌定位

处于不同的需求阶段，客户所表现出来的行为、言语大不一样，客服的应对措施也各不相同。可以理解的是，只有前一需求得到了满足，后一需求才会开始形成，而拥有越高层次需求的人，越不在意商品的价格。

因此，客服可以结合自身商品的定位，从上面的 5 个需求中判断客户的需求属于哪一阶段，针对不同的需求推荐商品。

（2）直接提问

直接提问的方式在客服工作中比较常见，这是一种很好的沟通交流方式，能让客户主动说出自己的需求，客服只需要提供解决方案就可以了。

了解了这些需求，又该如何判断客户的身份呢？可以通过以下几种方法。

1）描述

描述是指由客服引导客户自己描述需求或问题。当采用这种方式时，客服的工作主要是引导，客服应从问题开始，尝试让客户自己尽量详细地阐述需求，这一方面能帮助客服了解客户的兴趣点、身份特征等，另一方面也便于客服提供需求服务。

引导客户描述并提出问题时，客服可以尽量将问题的范围扩大一些，不要局限在某一细节问题上。例如可以借助下列问题。

——您好！有什么可以帮助您的？

——请问您需要什么样的商品？

——您对商品有什么样的要求吗？

2）选择

如果客户不能很好地描述自己的需求，客服就可以采取"选择"的方式来帮助客户。选择是指客服针对某一问题提出多个选项，客户只需选择其中之一即可解决问题。客服可以单刀直入、观点明确地进行提问，不宜委婉、迂回。

通过多次提问和选择，客服可以获得更多的细节。例如下列问题。

——您的肤质是什么类型的呢？油性、混合性、敏感性，还是干性？

——平时脸上起皮吗？还是只有换季期间起皮？

——您想要购买日常护肤品还是化妆品？

——您需要购买套装还是单品？

3）问答

当然除了上面提到的两种方式之外，还有一种情况是客户对自己想购买的商品并没有明确的目标，或者客户对商品不了解、没有具体的概念，只是单纯地来了解一下。

这种情况下，客服就可以使用问答的方式来了解客户的需求。问答指的是由客服抛出问题，让客户回答"是"或者"否"，从答案中提取有效信息，最终确认某种事实、客户的观点、希望或反映的情况等。使用"问答"的方式可以更快地发现问题，找出问题的症结所在。例如下列问题。

——您目前最需要的是保湿吗？

——您只想购买一瓶保湿乳液吗？

——您的皮肤是敏感性皮肤吗？

——您看这款商品是否是您需要的？

"问答"方式的答案只有两个，要么"是"，要么"不是"。不同的答案将引向下一个不同的问题。

（3）抓住谈话关键词

客服最重要的就是通过和客户的对话来了解客户的需求，在与客户进行沟通时必须集中精力，认真倾听客户的回答，从中提取关键字。除此之外，客服还应该站在客户的角度尽力去理解对方所说的内容，了解对方属于哪类人群、在想些什么、需要的是什么，客服应尽可能多地了解对方的情况，以便为客户提供满意的服务。

一般来说，客户有两种类型的需求，一种叫作"有声的需求"（主动说出来的），另一组叫作"沉默的需求"（没有说出来的）。在这两种需求中，有声的需求是在任何一个行业中大多数商家都试图满足的需求，了解这种需求并不困难，困难的是了解客户沉默的需求，而这些需求是要通过与客户聊天中的关键字词来确定的。

1）获取客户信息

网络销售和实体销售不一样，在进行实体销售时，商家可以直接观察到客户的信息，如年龄范围、身高、体重等，甚至在和客户对话时，商家能尝试性地引导客户自己说出自己的一些关键信息，如职业、居住地等。但网络销售有一个"信任"因素在里面，客户并不轻易信任客服，如果一开始客服就要客户提供这些个人信息，很容易引起客户的反感，最终导致谈话提前结束。

因此，客服要清楚对话中哪些问题可以直接问，哪些问题需要自己推理得出答案。如果商品本身有一定的年龄局限性，那客户的年龄就可以经推理得出大概范围；如果商品本身有一定的职业局限性，那客户的职业就可以经推理得出来。当然，得出的这些结论都是一个大的范围，并不是绝对精确的。

下面是案例展示。

客服：您好，很高兴为您服务。

客户：这款足球鞋有活动吗？（链接）

客服：有的，现在做促销，这款球鞋原价是 899 元，现在只要 599 元。

客户：43 码的有吗？

客服：有的，亲平时穿 43 码的鞋吗？

客户：不是，是送给我男朋友的生日礼物，他平时穿 43 码的。

客服：您真是中国好女友啊！他平时是穿 43 码的吗？如果是那就选 43 码，按照平时穿的码数来就行。

客户：我就是担心这个颜色他 hold 不住，感觉太艳丽了一点儿。

客服：不会的，这款球鞋卖得最好的颜色都是比较亮的，像这款橘红色是我们卖得最好的一款，踢球的时候比较容易辨别。

客户：那好吧，那就要这双了。

客服：好的，谢谢您的光临，祝你们幸福，也祝他生日快乐。

客户：谢谢。

案例分析：在上面的对话中，客服询问客户平时穿的鞋码时，客户提出了球鞋是送给男朋友的生日礼物，这里提到了一个关键信息点"男朋友"。"男朋友"表明了两个问题，一是客户不自用，二是男朋友的年龄范围可能在 18～35 岁（上下浮动）。在后面的聊天中客户又说出了一个网络词汇"hold 不住"，那么客户的年龄范围可以再次缩小。除此之外，如有必要，客服还可以抓住"生日礼物"这一关键词，进一步询问客户是否需要准备生日贺卡，如果需要准备，则可以进一步询问男朋友的具体年龄。从这个对话中可以看出，很多问题都是循序渐进的，如年龄这个问题，如果一开始客服就问："你多大了？"那么客户就会疑虑："买鞋跟多大了有什么关系？不是应该和鞋码有关吗？成年之后鞋码和年龄也无关啊……"所以，客服应该知道如何从沟通中来提取客户的有效信息。

2）询问与确认

这里的询问和前面的询问不同,前面是在毫无有效信息的情况下询问并获取关键信息,这里是指客服针对关键信息再对客户进行深入询问并确认信息。

例如,在上一案例中客户提到关键词"男朋友"时,客服就提出问题"他平时是穿43码的鞋吗",确认后给出答案"如果是那就选43码"。这就是针对关键词进行的询问以及确认。

询问与确认在实际交流中非常常用,客服一定要反复强调和确认相关信息,以便与客户沟通无误,没有彼此产生歧义。

3）观察

观察是一种从侧面了解客户需求的方法,也是前面提到的了解客户"无声的需求"的一种有效手段。

通过观察客户的非语言行为,就可以了解客户的需要、欲望、观点和想法。再从这些问题着手,主动询问、认真倾听、解决问题、推荐商品,更好地为他们服务。例如,和客户聊天时,客服可以观察聊天窗口右侧的客户信息,通过以下三个方面来观察客户,如图3-7所示。

①客户信誉、发出及收到的好评率;
②是否为店铺会员及是否领取了优惠券;
③最近交易时间,在本店购买金额等。

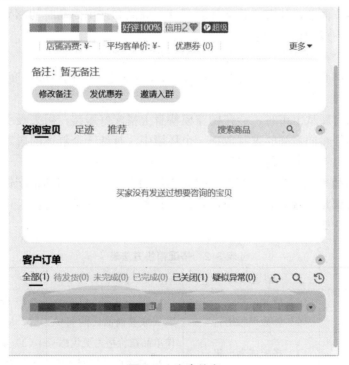

图 3-7 客户信息

通过客户信誉、收到和发出的好评率可以判断客户是不是一个比较好说话的人。如果发出和收到的好评率比较低,说明之前的交易中客户多次发出和收到过中/差评,客户比较挑剔，沟通可能比较困难；通过观察客户是不是店铺会员、最近交易时间和金额等信息，可以确定客户是否在本店购买过商品，对店铺及商品有无信任度；而观察是否领取了优惠券，则可以说明客户当前的购买意向是否强烈，如果优惠券已经领取，客服就可以重点服务。

观察客户行为，其实是一种"换位思考"方法，客服站在客户的立场来设想这些行为背后的意义。例如，客户领取了一张或多张优惠券，那说明客户的购买可能非常高，之所以还未下单，肯定是遇到了什么问题，此时客服就可以了解一下客户不下单的原因，是不是因为价格太高，或对商品不放心等。

（4）合理地搭配销售

搭配销售是指套系商品打包出售。例如，护肤品中包括洁面乳、爽肤水、保湿乳液、精华露、眼霜、面霜等，可将这些护肤环节中需要用到的每一种商品组成一个套系进行出售。前面曾提到客服应该掌握商品关联的搭配和推荐方法，这里要介绍的方法和该方法一样，都可以看作商品搭配出售。

搭配销售不仅可以促进商品销售，还可以有效地提升客户体验。例如，某服装商品的套系搭配，可能会因为相同品牌在风格上的统一，使商品有更好的展现效果，从而提高客户的满意度。同时，这样的搭配销售相对于购买单件商品来说，客户的再购率也会更高。

1）搭配销售的目的

不管是网店还是线下实体店，大部分商品都会选择搭配销售的方式进行销售，使商品成套地展示在客户面前，让客户提前体验到拥有商品和使用商品时的感受，提高客户对商品的满意度，从而成功销售商品。

这里列举几个在生活中比较常见的搭配销售的典型案例。

● 厂商生产商品时，会直接生产套系商品，将同色系、同功能的商品组成一个系列，组合出售。

● 服装店有新款上市时，会在橱窗模特身上搭配好服装，用来吸引客户进店。

● 家具店会将同系列的家具放在一个环境中，打造一个舒适的居家环境。

● 开发商出售房屋也常会推出"房屋+车位"的销售模式。

对于线上店铺来说，搭配销售也是提高销量的有效手段，店铺搭配销售或者客服搭配推荐对买卖双方都是比较有利的。下面总结几种常见的搭配销售方法，以及各自对买卖双方的影响，如表3-2所示。

表3-2　搭配销售方法表

类型	销售模式	买家	卖家
套系商品	（1）成套出售 （2）拆分单独出售	（1）商品价格1+1<2，购买成套商品比购买多件单品在价格上更优惠 （2）成套商品搭配比单件自己搭配更省心	（1）提升了客均购买件数，从而提高了客单价 （2）多件一起邮寄可节省运费，有效地分摊了运输成本
搭配商品	（1）搭配成套出售 （2）单件出售		

对于品牌商品来说，直接折扣可能会损伤品牌的影响力，出售套系商品或搭配商品则以套装折扣的方式为客户节省了一定金额的价款，既让客户得到实惠，又不会有单件商品价格的横向比较，对原价购买单件商品的客户伤害更小。

2）如何搭配销售

给客户推荐搭配销售有很多方法。例如，在店铺首页添加搭配销售的活动推广，或者在宝贝详情页中添加搭配的宝贝推荐等。当然，如果没有刻意策划搭配销售的活动，而客户又对搭配的商品提出了疑问，客服也可以直接为客户进行推荐。

下面对一些适合搭配销售的商品进行总结。

①成套的商品

成套搭配比较适合既能成套出售又能单独出售的商品。例如，服装套系中的衣服、裤子等；家具套系中的床、床垫、床头柜、衣柜等；办公套系的办公桌、滑轮椅等。这些商品都可以独立出售，也可以成套出售，如图 3-8 所示。

图 3-8　商品成套出售

对于这种成套的商品，客户一般可以自己进行选择，只有对细节不明确时客户才会咨询客服，所以客服对这类问题可以轻松处理。

下面是案例展示。

客户：你好，我想问一下你们家这个床的价格是包含床头柜的吗？（链接）

客服：亲，床和两个床头柜是一套的呢，价格是一套的价格。

客户：床垫呢？也是一起的吗？这个 1.8 米的床加床头柜和床垫才 2599 元啊？

客服：嗯嗯，这是我们店铺的活动，2599 元的价格是床+床头柜的价格，床垫是额外赠送的。

客户：这么便宜，送的床垫质量也不好吧。

客服：这次是店铺五周年庆活动，优惠力度比较大。床垫是正规品牌厂家生产的，质量上是没有问题的。

客户：哦。那还是比较优惠的，就买这款吧。

客服：好的亲，请问您还需要其他商品吗？像衣柜、书桌这些，折扣都比较大，如果您想要单买书桌，也是非常划算的。

客户：那你发一个书桌的链接给我看看。

客服：好的亲，（链接），这款原价 699 元的书桌现在只要 499 元，还送一个椅子，比较划算。

客户：我先看看，如果要买的话就一起下单了。

客服：好的，订单满 3000 元可以赠送您一个靠枕呢，下单的时候跟我说，我给您备注好。

客户：好的。

案例分析：成套商品出售时应该在商品详情页最上方列明本套餐包含哪些东西，并分别标明每种商品的尺寸大小、功能等基础信息。例如，上面对话中的套餐包含了一张床、两个床头柜、一个床垫，如果客户没有仔细阅读详情页就很可能会遗漏这些信息，从而对套餐内所含商品产生疑问。这种情况下客服只需要有针对性地回答客户的问题即可。如果客户表现出对商品的认同感，客服就可以继续推荐其他类型的商品，上面客服在向客户推荐床+床头柜+床垫组合时，同时还适当推荐了店铺中的其他商品，让客户多了一些选择。

②风格和色系

如果商品不是一个套系，客服就可以根据商品的风格和色系来为客户进行搭配。例如，客户咨询或购买了波希米亚风格的长裙，客服就可以推荐相同风格的人字拖或头饰给客户。

③历史数据

这种方式是结合店铺已有数据，对历史订单进行详细的数据分析，找出同时出售得最多的商品，将其进行搭配出售。例如，购买过 A 商品的客户，同时将 A 商品与某一件商品在一起购买最多，如没有明显的冲突，便可以拿出来做搭配销售。

④价格搭配

价格搭配就是攻略一里面介绍的一种促销方式，如"高价+低价"的搭配、"高价+n 元换购"的搭配等，这种方式和直接的折扣相比，给客户的优惠冲击会更大，这种方式应用得比较好的就是"第二件半价"的活动。

2. 有针对性地介绍商品

随着加入电商行业的创业者越来越多，淘宝店铺和商品的竞争力也越来越大，客服在这种大环境下遇到对自家商品有兴趣的客户时，应该更加珍惜为其服务的机会，不管是主动服务还是被动服务，客服都应该直接切入主题，有针对性地为客户介绍商品、解决问题。

（1）商品介绍突出卖点

卖点即商品优势，一般情况下，商品的优势有很多，可以从不同角度来表现。找到商品独有的优势，就能体现商品的核心价值，这些优势可以是商品的某一特点，也可以是商品独有的特色；可以是商品与生俱来的，也可以是通过营销策划生成的。商品卖点应该落实在营销上，让消费者能够接受和认同，这样才能达到商品畅销、建立品牌的目的。

卖点通常和需求联系在一起，不同的客户关注的卖点也不相同，有的客户关注价格和质量，有的更关注商品的性能、特征、意义，有的则会关注商品的品牌定位及代表的价值地位等。客服给客户介绍商品时，可以提取关键信息并有针对性地介绍商品的卖点。

举个简单的例子，关心"价格"的客户，通常会询问以下几个问题。

——这个价格能便宜一点儿吗？

——有折扣/优惠吗？

——多买的话包邮吗？

——有没有赠品？

面对这些问题，客服可以反复强调商品的价格优势，如"该商品是所有同款商品中价格最优惠的"，或者拿活动促销来打动客户。如果客户质疑商品质量，产生了"便宜没好货"的想法，客服就可以顺势从其他卖点着手，介绍商品的质量、销售量、好评率等，让客户吃下"定心丸"。材质不好，就应该突出设计；服务不强，就应该强调质量；技术含量不高，就应该强调实用。学会扬长避短才能更好地突出商品卖点。

客户获取商品卖点的方法有很多，例如，通过商品详情页中的宝贝介绍（如图 3-9 所示），或通过同类商品之间的比价，以及评价中的图片和好、中、差评等信息了解商品。这说明大部分客户在咨询客服前，已经对商品的性能、质量、价格等有了较全面的认识，继续咨询客服只是为了反复确认自己了解到的信息是否有误，所以客服不必觉得客户不好沟通，顺着客户的问题解答就多半不会出错。

图 3-9　详情页商品卖点描述

下面是案例展示。

客户：您好，这款插线板功率多少？怎么贵这么多？（链接）

客服：亲您好，这款是新上市的 PDU 插座，亲在店铺首页可以领取优惠券，有满 300 元减 30 元的优惠券，您买两个可以减 30 元，这样比较划算一点儿。

客户：之前买的过载保护插板，总提示超出额定功率，这款应该不会吧？

客服：它能安全承载大功率设备，额定功率是 4000W 的，所以您不用担心过载的问题。

客户：我是需要大功率的插座，问题是这个价格有点儿太贵了。

客服：是的呢亲，这一款是新上市的，材料用的是高温阻燃的工程塑料，插孔也用了 75N 的安全保护门，很多细节都做得很好，所以价格会稍微高一点儿。

客户：没有其他的优惠了吗？

客服：您需要多少呢？

客户：如果价格可以优惠的话，买 10 个吧，工程上需要。

客服：这款插板的额定功率是 4000W，如果亲经常使用大功率的电器，还是推荐购买这款的，而且这款插座前面第一个插孔是 16A 专用插孔，大功率设备用电更方便，不用担心过载的问题。

客户：嗯，我就是冲这一点来的。

客服：好的，如果购买 10 个，可以领取满 1500 元减 200 元的优惠券，算下来每个优惠了 20 元钱，然后这边再赠送您两个转换插座，您看可以吗？

客户：行，我下单了。

客服：好的。

案例分析：在上面的对话中，客户一直反复强调"功率"一词，说明他看中的就是"功率"这一个卖点，同时客户还提出了自己遇到的问题，之前用的过载保护插板总是提示超出额定功率，这一问题同样也证实了"功率"这一卖点在客户看来很重要，所以客服处理问题时就可以反复强调商品的功率及专业性，最后再通过一些优惠措施，引导客户下单购买。

（2）实事求是、不夸大其词

夸张的表现手法经常用在一些商品的广告文案中，特别是用在一些保健型商品的广告文案中，大家能接受对商品功能进行一定程度的夸张，但绝不接受毫无节制的夸张。如果为了吸引客户，卖家把商品吹得天花乱坠，一旦客户购买后发现效果不像卖家吹嘘得那么好，就会退货、投诉并利用法律武器维护自己的利益。

曾经有很长一段时间，大家都认为夸大商品功能、隐瞒商品的不足是促进销售的有效手段。这种认知是由于当时销售市场信息不对等导致的，在如今的信息经济时代，客户变得越来越理性，他们了解商品信息的渠道也越来越便捷，维护自身权益的手段越来越多，因信息不对称而盲目购买的现象也越来越少。

在这种情形下，客服隐瞒商品的不足、夸大商品的功能已经没有实际意义了，客服要做的应该是如何突出商品的优点，同时将商品的不足委婉地表达出来。

（3）先说优势，再说劣势

先说优势再说劣势比较常用的一种方法，将优势放在前面，让客户对商品产生兴趣，增强他们的认同感。这时再用一个转折将商品可能存在的瑕疵、不足和盘托出，由于客户已经在某种程度上认可了商品，即便有些许不足，也更容易接受。如果客服先介绍商品的劣势，客户很可能直接放弃商品，客服连介绍优势的机会都没有。

另外，如果商品确实存在瑕疵和不足，卖家一定要主动说明，图 3-10 所示为在商品详情页中阐明起球等问题，客户能接受的话再下单购买。如果商品详情页中没有说明商品的不足，客服也应该在聊天的过程中提出来，千万不要等到客户收货后自己去发现商品的不足，到时候卖家得到的可能就是中评甚至差评，这将会影响到店铺信誉和潜在客户对商品的印象。

关于洗护

· 羊毛大衣起球属正常现象，建议穿着时，减少与硬物摩擦
· 建议干洗，次数不宜过于频繁，以免影响面料柔软度
· 不可机洗、不可漂白、不可脱水甩干，以免破坏面料光泽度

低温熨烫

可使用蒸汽熨斗，距离衣物
2cm处并使用蒸汽垫布熨烫
避免高温重压面料变形

日常护理

日常及时局部清理表面灰尘
存放时建议悬挂放置防尘袋
保持存放空间干燥

图 3-10　详情页说明

（4）不承诺提供不了的服务

诚信为本、实事求是才能赢得客户好评。要知道客户可以接受瑕疵，但绝不接受隐瞒和欺骗。有的客服为了成功销售商品，随意承诺自己做不到的服务，到时候又给不出让客户满意的结果，这样将会给客户留下不好的印象。所以客服在为客户服务时，没有把握的话不要随便承诺，如果做出了承诺，就应当竭尽全力地履行。除此之外，对于客户的片面认识，客服要主动澄清，以免客户对商品有过高的期望；对于商品的使用盲点，客服要主动警示，引导客户理性地选择。

以下是案例展示。

客户：你们家这款按摩靠垫能按摩到肩颈吗？

客服：亲，可以的，这款按摩靠垫对腰背、肩颈都有作用。

客户：那个黑磁石是干什么的？

客服：黑磁石主要对经脉起作用，我们这款按摩靠垫的口碑非常好，不仅能去疲解乏，还治好了很多肩颈腰背的顽疾。

客户：这个应该只是物理作用的按摩吧，顶多舒缓一下经脉肌肉，治病倒是没听说过。

客服：之前有个在我们这边购买商品的客户，因为长期坐着，他的肩背出现了问题，他去医院针灸什么的都做过，但都没用，后来买了我们的靠垫，每天晚上都按摩一下，用以舒缓经络，现在都没问题了。他还专门来感谢了我们呢。

客户：……这么神奇。

客服：真的，不信您可以买一个试试，它对您的肩颈腰背会有很好的治疗。

客户：算了，你吹得太过了，我不敢信你。

案例分析：不承诺做不到的服务，要求客服从实际出发介绍商品，不能为了留住客户而吹嘘商品功能，更不能为了使交易成功而虚构案例来骗取客户的信任。例如在以上对话中，客服就"按摩靠垫"的功能进行了简单说明，同时为了取得客户信任，在谈话中提出了商品能治疗在医院用针灸都治不好的肩颈疾病，属于过度夸张，让客户产生了怀疑。殊不知"按摩靠垫"只能物理缓解疼痛，而不能"治疗"疾病。

（5）采用通俗易懂的沟通方法

讲解商品难免会涉及一些专业术语，有的客服为了使自己显得专业，使商品显得高大上，喜欢在对话中频繁地使用专业术语，完全没考虑客户是否听懂了。客户若是没听懂，要么转身走人，要么和客服在某个专业术语的解释上继续纠缠。网络上曾经流行过以下的段子。

甲：车坏了，你能帮我把我的手动单缸便携循环式气体压缩机带来吗？

乙：说"人话"！

甲：自行车爆胎了，帮我拿下打气筒……

明明大家都知道的"打气筒"，非要安一个"手动单缸便携循环式气体压缩机"的名字，客户是没有心情和时间来反问你"手动单缸便携循环式气体压缩机到底是什么"的。所以客服在和客户沟通时，应该尽量选择通俗易懂的沟通方式，少使用专业性词汇；即便要介绍专业的东西，也应该附上简单的解释，这样客户更容易接受。

以下是案例展示。

客户：你们家商品是自销还是代销啊？

客服：亲，您好，店铺所有商品都是自销的，请放心质量。

客户：那为什么好多评论都提到发货的地点和网页里显示的不一样？

客服：是这样的亲，因为我们有很多线下店铺，有的时候我们缺货，就会从其他店铺调货过来发给亲们，所以可能会出现发货地址不一样的情况。

客户：这样，那这个眼部按摩仪是什么材质的？对眼睛会不会有伤害啊？

客服：我们的材料都是上乘材料，不会对眼睛造成损伤的，亲放心。

客户：就是不知道质量怎么样，差评也挺多的，还是有点儿担心。

客服：卖得最好的，销量在详情页也能看到，累计销售已经十万件以上了，这样的销量下有几个差评也是不可避免的，毕竟再好的人也不能保证所有人都喜欢，对吧，更何况是商品呢？而且亲如果担心质量问题，收到不满意的话，在不影响下次销售的前提下是七天免费退换的。

客户：你说得也对，大家的欣赏水平都不一样。

客服：是的呢。

客户：那好，我下单了。

案例分析：在上面的对话中，客户问到了两个比较敏感的问题，一个是商品的材质，一个是商品的差评问题。商品材质是客服必须了解的商品信息，但如果恰巧不清楚或不便说得太清楚，就用"上乘材料"来回答客户，告知不会损伤眼睛，让客户吃下定心丸；第二个问题是针对商品的差评，客服没有解释为什么会有差评，或者差评的内容到底是不是真实的，而是笼统地说明了差评不可避免，如果因为这个而担忧，收到货物可以直接退换。这样一来，客户就会认可客服从而下单购买。

（6）要机动灵活地回答问题

和客户对话当然不能生搬硬套，不是所有问题都能用一个模板来回答。机动灵活地回答问题是客服必须具备的技巧。

1）间接否定、幽默肯定

对于客户提出的要求，客服应该遵循"间接否定、幽默肯定"的原则。

间接否定是说和客户沟通时尽量不要出现"不能""不行""不对""拒绝"等词语，要委婉地解决问题，而不是直接地拒绝。统计表明：客户提出次数最多的问题就是价格问题，能否优惠、有无折扣、是否包邮等，针对这些问题，客服可以选择以下方式来回答。

——很抱歉，优惠活动已经结束了，这边可以赠送您小礼物以表歉意。

——请您理解，店铺满 99 元才能包邮，不然您再看看其他商品？

——这个商品已经是促销价了，没有办法再优惠了呢。

如果客服不得已确实要否定客户的问题，应该同时给出合理的解释，尽量安抚客户的不满情绪。

2）幽默肯定

幽默肯定是为了增强谈话的趣味性，激起客户的交谈兴趣，拉近和客户之间的距离。这种幽默可以情景代入，也可以无厘头，可参考以下回答方式。

——您真是比一休哥还聪明。

——真有默契，咱们想的一模一样。

——感谢"小主"理解。

（7）积极地附和

如果客户需求说了一堆，客服没有任何反应，客户很可能会产生焦虑情绪，觉得客服是在敷衍自己，自己并没有得到尊重。所以和客户沟通一定要积极地附和，要懂得迅速提取客户话语中的重要信息，适当的附和是和对方想法一致时更要表明自己的立场和态度。同时客服针对不同的客户应选择不同的说话方式，和客户保持相同的说话方式，站在同一个层面上思考问题，才能拉近与客户之间的距离。附和客户时，可以参考以下方式进行回答。

——您说的没错，我也是这样想的；

——您说得对，真有见解；

——的确是这样的；

——您真是一个细心的人。

（8）答案不绝对

网购的商品要经历打包、运输、配送等多个环节，每个环节都存在很多不确定因素，但客户咨询时会事无巨细针对每个环节提问。客服很难保证其中某个环节不出任何差错，如货物是否齐全、物流是否按时到达、包装是否完整、东西是否损坏、商品是否受到客户喜欢等。其中任何一个环节都可能出现变数，这些变数只能尽量控制少发生，而不能绝对保证不发生，所以客服针对客户提出的所有需要承诺的问题，都不能给出绝对的答案。遇到不会回答或很难回答的问题，要学会委婉表达或者不动声色地绕开。

委婉地表达自己的意见时，客服应该语气平缓、态度尊重，不能急功近利，让客户受到伤害。回避或绕开的方式有多种，如不给出问题的明确答案，岔开话题，用优惠、折扣等信息吸引客户的注意力等。

委婉表达的技巧在于多用转折性的词语，如"但是""不过""然而"等，先对客户的问题表示肯定，再用一个转折说出自己的真实想法，这样客户会更容易接受，太生硬地拒绝不利于继续交流。

3. 拒绝强制营销

强制营销的情况在客服服务中很少出现，但也并不是不存在，如果客服的自主意识太强、服务意识太弱，就很容易出现这种情况。例如，客服给客户推荐商品时认为此类商品就应该 AB 搭配，客服甚至用非常严肃的语句表示客户更加适合这个款式和这种颜色，急切地想要得到客户的认可。也许客服只是想要推荐更好的商品给客户，但这无形之中已经给客户造成了压迫感，让他们感到不适，这种营销方式肯定不能被客户接受。

（1）尊重客户的个人选择

最了解商品的是客服，但最了解客户需求的是客户自己。为客户服务之前，客服应该知道自己的工作是为客户解决问题，并有针对性地推荐商品，而不是把自己的想法强加给客户。

比较典型的问题是，如果客户选择了商品 B，但商品 A 更适合他，客服应该如何推荐呢？

第一种做法：坚持客户应该选择商品 A，否则宁愿不销售。

第二种做法：委婉推荐商品 A，劝说客户并尊重客户的选择。

在这个情景里，商品 A 比商品 B 更适合客户，如果客户购买了商品 B，使用之后没有达到想要的效果，就会对商品和店铺产生不好的印象；而如果客服坚持向客户推销商品 A，客户可能会放弃购买甚至再也不光顾。这两种结果似乎都是不好的。但如果客服采用第二种做法，主动推荐了商品后，客户仍然愿意遵从自己的选择，那就应该尊重客户。这样做一是成功地销售了商品，二是如果商品体验真的不好，客户也不会让客服来负责，甚至可能愿意再次尝试更适合自己的商品。

以下是案例展示。

客服：欢迎光临，本店新品全部 9 折。

客户：你好，这个款的衣服板型偏大还是偏小？

客服：这款板型适中，可以按平时的码数购买。

客户：我看板型好像挺大的，那我可能选 M 码的就合适了吧？

客服：说一下您的身高和体重，我帮您看看。

客户：身高 158cm，体重 57kg。

客服：您穿 L 码比较合适，想宽松一点儿可以选 XL 码。

客户：不是说按平时的码数就差不多吗？

客服：对啊，但是您这体重平时也穿不了 M 码吧。

客户：你什么意思啊，会不会说话？

案例分析：尺码一直是网购服装的一大痛点，有的服装因为款式、风格等原因，在尺码上会和标准尺码有一定的差距，而客服又是最了解商品的人，所以其推荐的尺码往往更合适。但客户身材常常是一个变数，同样的数据之下，身材千差万别；而且，身高体重的比例也会影响尺码的选择。客服应该为客户推荐尺码，但同样应该尊重客户的选择。在上述对话中，客户质疑客服推荐时，客服应该再次对服装的板型做解释，而不是质疑客户，进而形成冲突。

（2）切忌和客户对立

面对一些性格强势的客户，客服很容易被客户的情绪所左右，一旦对方表现出高傲、刁钻等态度，客服就会守不住自己的立场，和对方发生争论。客服在为客户服务时，虽然代表的是店铺，但服务的却是客户，要想成功销售，客服就必须和客户站在同一阵营。

做生意最忌讳的就是商家和客户产生冲突，如果客服因为自己受委屈就站在客户的对立面，客户说什么客服就反驳什么，那这单生意肯定就做不成了。客户既会觉得客服性格刁钻不够专业，又会产生自己不受尊重的想法。不仅如此，客户还能投诉店铺和客服，店铺信誉和生意就可能会受到影响，客服的工作也可能因此而丢掉。客服可以不够专业，但一定不可以情绪化，为客户服务切忌和客户对立。

以下是案例展示。

客服：小主您需要点儿什么呢？

客户：你好，这款保温杯为什么这么贵？（链接）

客服：这款保温杯是从日本进口的，材质也是比较好的不锈钢，所以价格会贵很多。

客户：代购店的同款保温杯比你这要便宜一半，你还有没有优惠啊？

客服：很抱歉，这个价格是品牌统一定的，我们是官方旗舰店，没有办法给您优惠，不过可以赠送您一个杯套和洗杯刷，您看可以吗？

客户：在日本代购的也是你们这个牌子的，就算代购的在海关要交关税，但现在它们的价格也不到你们的一半。

客服：说是在日本代购的，谁知道呢？

客户：你就能保证你们的是日本货吗？

客服：呵呵，他们的便宜，那你去买他们的吧。

客户：……

案例分析：网店面对的消费者是所有网民，这种广泛性就决定了客服会面对各种性格的消费者。有的财大气粗从来不讲价，有的则会为了一元钱和客服讨价还价。在淘宝上进行询价、比价、讲价实属正常现象，质疑商品材料、质量、资质也是很常见的事。网店应有包容心，客服就更应该具有包容心。不管面对哪种客户，客服不能因为对方反复质问同一个问题就产生不耐烦的情绪，像"那里便宜你就去那里买""爱买不买""不懂就别乱说""到底买不买"这类话是绝对不能说的。上面的案例中，客服用了"谁知道呢"和"他们便宜，那你去买他们的吧"这两句话去回答客户，这就是不尊重客户的表现。

课程思政：学会尊重和包容

吉利控股集团一直践行"全球型企业文化"建设，其核心特点是尊重、适应、包容与融合，最终目标是达到合作共赢，实现企业在全球市场的成功。融合和开放，会让公司淡化或打破原有国家、民族、宗教信仰、语言和局部文化标签，逐渐形成一种开放、包容的企业文化和发展理念。这样的企业文化氛围，更有助于提升员工的归属感、自豪感，提高客户的满意度，增强管理层的成就感，赢得社会各界的认可，有利于企业创新及全球适应能力的提高。我们在课程学习过程中，也要学会时刻对客户保持尊重和包容的态度，不要有冲突后就恶意报复和刁难。客服不仅代表客服本人，更是代表着店铺的形象。尊重和包容，既是专业技能的要求，也是做人的基本要求。

青年强，则国家强。当代中国青年生逢其时，施展才干的舞台无比广阔，实现梦想的前景无比光明。广大青年要坚定不移听党话、跟党走，怀抱梦想又脚踏实地，敢想敢为又善作善成，立志做有理想、敢担当、能吃苦、肯奋斗的新时代好青年，让青春在全面建设社会主义现代化国家的火热实践中绽放绚丽之花。

技能点五　实训案例：某品牌官方旗舰店售前服务流程

电商售前服务是企业在客户未接触商品之前所开展的一系列刺激客户购买欲望的服务工作。售前服务的主要目的是解答客户疑问，促使客户下单，使得所售商品能够最大限度地满足用户需要。

1. 售前客服的服务意识

作为一个售前客服，首先要了解自家的商品知识。很多客服连自家商品都不熟悉就直接接待客户了，由此产生的问题是销售效率极度低下，客户对商品在意的问题也无法解决，即使商品销售出去也可能会因为客服的不专业导致很多售后问题，对于商品的熟悉度要求是硬性条件，可以通过详情页或内部详细资料了解商品的特性与卖点。

对于商品，最好要有样板在公司，让客服可以看到实物，对功能性商品，最好能自己实际操作、实际体验，对商品真正了解，这样销售起来更有信心。商品的讲解，比如服装类目，需要设计师讲解服装的设计理念、颜色的搭配、肤色的搭配，可以让客服自己穿一下衣服，或者让客服看其他的客服上身是什么效果。不同身高和肤色的客服穿了是什么效果，这样客服在交易的时候，就能很清晰地告诉客人穿着时的大致效果。最后讲完课了，要将每个宝贝的属性和穿着效果，以及适合穿的人群，制定一个标准的清晰的表格，发给客服，便于工作中及时查对，更好地回答客人。

售前岗位职责是使更多的客户下单及店铺公关形象维护。因此需要观察两个维度：询单转化率与平均响应时间。前者关乎售前客服的业绩，后者同服务效率相绑定，两者是售前客服价值的直接体现。

2. 售前客服岗位职责

（1）认同企业文化和品牌理念，掌握专业的商品知识、店铺活动、平台知识并能清晰地传达给客户

1）为了使客户购买得放心，传递给客户品牌理念，塑造专业、放心的公关形象。

2）商品的尺寸推荐、面料特性和风格搭配（面料、尺寸、搭配）。

3）商品与竞品的对比分析（商品风格对比、面料对比、价格对比、质量对比）。

4）商品从销售前至销售后的流程（出库发货过程、物流中途过程、签收过程）。

（2）把握消费者心理，具备一定的销售意识及服务意识，提升店铺销售额与消费者购物体验

1）主动引导客户下单，根据客户需求来推荐宝贝下单，以达到精准推荐。

2）站在客户立场描述商品使用场景，让客户更有体验感。

3）对于举棋不定的客户进行跟踪回访，尽可能地解决客户犹豫的点。

4）设身处地考虑客户咨询时的需求，对客户的询问第一时间做出反应，做到以一流的服务留住优质客户，挖掘客户群体中的口碑效应。

5）收集整理客户的各类意见建议，反馈给主管。对批量性问题及时反馈，敏感对待。

3. 客服能力要求

（1）情绪的自我掌控及调节能力

在客户接待过程中，未必都是愉快的沟通，要能够自我掌控好情绪，并且快速进行调节，避免影响到之后的接待。

（2）语言组织和表达能力

天猫是一个虚拟的网购平台，交易过程中大部分问题都是通过旺旺工具进行沟通，这种沟通的方式不是面对面的，而是有着一屏之隔，因此文字在这个过程中起到关键作用，一个合格的客服必须具备良好的语言组织能力和表达能力，能通过文字让对方正确地理解和掌握商品信息，同时也让消费者了解卖家的服务态度和服务水平。

（3）应变能力

一个客服综合素质是否过硬，应变能力相当重要，对于消费者所提出的问题，除了要真实客观地进行回答外，有时候也需要客服保持思路清晰，灵活应对，在长期与消费者的对话中，可以不断地积累与各种各样家打交道的经验，在实际中灵活运用。

（4）沟通协调能力

沟通能力在客服岗位中至关重要，接待客户时，要主动了解和挖掘客户的需求，最终促成成交；在内部推动上，要将客户的需求反馈并协调相关部门进行优化和改进。

（5）分析总结能力

客服人员也是需要具备基本的分析能力的，如消费者未下单的原因分析，是优惠力度不够，还是商品功能未能满足，或者客服服务问题导致？要通过分析来反哺运营、商品的改善以及自身能力的提升。

4. 技能素质

（1）快速打字能力：客服通过旺旺聊天工具回复消费者，消费者需要客服快速响应，快速解决，打字速度尤其关键。

（2）商品专业知识：售前客服需要了解商品功能、材质、尺寸等属性知识，以及使用说明、售后保养知识。

（3）商品周边知识：商品使用场景、商品适用人群、该商品对应的装修工期、竞品对标分析。

（4）销售技巧：在消费者犹豫和将要流失时，充分挖掘消费者需求，掌握消费者心理，通过更优服务和价格等方式促成成交。

（5）电商平台相关规则：如交易规则、发货规则等。

（6）物流相关知识：如物流不同线路计价，商品包装计价、不同物流服务商速度等。

5. 售前客服工作量化

售前客服在正式上岗后会进行排班，根据需要承接的咨询数量进行合理的排班，具体时间可以根据情况调整，客服需要严格按照排班表进行上岗和下岗，需要请假应提前和客服主管协商，避免造成人力不足的情况。部分客服工作细则如表 3-3、表 3-4、表 3-5 所示。

表 3-3　售前客服排班表

组别	姓名	班级	店铺	2022/6/6	2022/6/7	2022/6/8	2022/6/9	2022/6/10
一组	×××	21 电商4班	×××	17:30—22:00 咨询	休	休	9:00—18:00 咨询	休
一组	×××	21 电商4班	×××	17:30—22:00 咨询	休	休	9:00—18:00 咨询	休
一组	×××	21 电商4班	×××	9:00—18:00 咨询	9:00—18:00 咨询	17:30—22:00 咨询	休	休
一组	×××	21 电商4班	×××	休	休	9:00—18:00 咨询	9:00—18:00 咨询	17:30—22:00 咨询
二组	×××	21 电商4班	×××	休	9:00—18:00 咨询	17:30—22:00 咨询	17:30—22:00 咨询	休
二组	×××	21 电商4班	×××	休	9:00—18:00 咨询	9:00—18:00 咨询	17:30—22:00 咨询	休
二组	×××	21 电商4班	×××	休	休	休	17:30—22:00 咨询	17:30—22:00 咨询
二组	×××	21 电商4班	×××	休	9:00—18:00 咨询	休	休	休
二组	×××	21 电商4班	×××	休	9:00—18:00 咨询	休	休	休
二组	×××	21 电商4班	×××	休	9:00—18:00 咨询	休	休	9:00—18:00 咨询
二组	×××	21 电商4班	×××	休	9:00—18:00 咨询	休	休	9:00—18:00 咨询
二组	×××	21 电商4班	×××	休	17:30—22:00 咨询	17:30—22:00 咨询	17:30—22:00 咨询	休
二组	×××	21 电商4班	×××	休	9:00—18:00 咨询	17:30—22:00 咨询	休	休
二组	×××	21 电商4班	×××	休	9:00—18:00 咨询	休	休	休
二组	×××	21 电商4班	×××	休	17:30—22:00 咨询	休	休	17:30—22:00 咨询
二组	×××	21 电商4班	×××	休	休	休	休	9:00—18:00 咨询
二组	×××	21 电商4班	×××	休	休	休	休	9:00—18:00 咨询
二组	×××	21 电商4班	×××	休	休	休	休	休

表 3-4　实训期间学生请假申请表

姓名		学号		班级
请假事由：				
请假时间：				
自　　年　月　日至　　年　月　日，总共请假　　天（　时）。				
项目老师签字：			专业课老师签字：	
辅导员签字：			院长签字：	

申请人：

年　　月　　日

表 3-5　质检处罚条例表

序号	违规条例项	临时用工惩处
1	因服务态度恶劣引起的差评【客服服务态度】	触犯 1 例，扣×××元，依次叠加
2	撤回动作 注：如消费者质疑撤回信息并引发的客诉，×××/起	撤回×××元/次，依次叠加
3	拉黑客户	触犯 1 例，扣×××元，依次叠加
4	备注出现攻击性及辱骂性字样	触犯 1 例，扣×××元，停止上号
5	利用职务之便，牟取不正当利益 （如在知晓大促期间公司旗下店铺开启"低金额 5 元自动退"策略的情况下，利用自己的账号拍下店铺订单，并每个订单申请退款 5 元，退款理由直接影响店铺品质退款率，对公司及店铺造成损失及店铺影响）	触犯 1 例，扣×××元，停止上号
6	引导客户流向其他平台	触犯 1 例，扣×××元，依次叠加
7	聊天中出现语气冷淡等情况	触犯 1 例，扣×××元，依次叠加
8	在服务过程中无故诋毁品牌、店铺形象	触犯 1 例，扣×××元，依次叠加
9	接待及回评过程中出现非接待账号花名和其他品牌话术及品牌名错误之情况；（举例：A 店铺出现 B 店铺话术）	触犯 1 例，扣×××元，依次叠加
10	聊天中出现恐吓、辱骂、嘲讽客户的情况 注：如事件上升品牌或造成负面传播影响（例如微博传播客服相关的负面评论，取消该名兼职的上号资格，并扣除实训期间的费用）	触犯 1 例，扣×××元，依次叠加
11	泄露客户个人信息，私自添加客户个人联系方式用于不正当途径，如打电话骚扰或辱骂客户等	触犯 1 例，扣×××元，依次叠加
12	对于不愿意接待的客户，随意转接其他客服"踢皮球"（非客户意愿进行转接情况，违背客户意愿，判定为踢皮球） 注：如涉及客户情绪非常激动并辱骂客服等无法处理的情况，可转接客诉组或现场负责人，但不允许随意转接其他兼职员工；禁止子账号之间相互闲聊及与其他店铺闲聊，有损店铺形象	触犯 1 例，扣×××元，依次叠加

续表

序号	违规条例项	临时用工惩处
13	由于客服沟通、处理流程有误，导致所需赔偿（如赠品、备注，沟通有误等），由售后进行登记及汇总的问题笔数	扣除成本（商品成本+快递耗材），承诺错差价、运费等金额类错误，按实际损失扣款
14	因客服原因（客服原因占比50%及以上）造成工商、天猫小二等投诉或负面传播影响（如微博传播客服相关的负面评论），造成店铺信誉及品牌形象受损或因客服原因造成客诉 （1）以上任意情况造成投诉，×××元/起 （2）投诉成功或扣分降权等，扣除该名兼职客服实训期及上号期的所有薪资 （客诉定义：触碰法律、法规，触犯天猫平台规定，判定客诉成立，且直接造成店铺权益损失，如扣分、降权、取消活动报名资格等） 注：大促期间，对于客服未及时回复所造成工商、新闻媒体等投诉，以下场景不做惩处：未及时回复时间段，该售前兼职客服CPH值≥60；该售后兼职客服CPH值≥×××；	以解决问题为主，如未给店铺造成损失，不进行扣款 如造成损失，以实际损失进行扣款
15	下班/下号，出现未回复完所有客户即关闭工作账号（如遇不可抗力因素（停电、电脑故障等）产生或遇到纠结客户，如已经给出合理方案或处理时效，客户还一直纠缠等，则需当天汇报到对应负责人和质检中心存档，不进行处罚）	触犯一次，扣×××元，依次叠加
16	故意不处理客户问题，导致产生3次售后问题 注：不在权限范围内、进行安抚除外	触犯一例，扣×××元，依次叠加； （该客服出现10起及以上，直接淘汰）

项目小结

本项目主要对客服的售前服务技能进行介绍，主要包括售前与客户沟通的原则、客户咨询的流程、打消客户疑虑的方法和销售技巧话术4个方面的内容。

英语角

cancel	打消
public praise	口碑
rule	规则
doubt	疑虑
key word	关键词
inquiry	询问

observation	观察
obtain	获取
quality	素质
attitude	态度

1．选择题

（1）售前客服与客户沟通的原则不包括（　　　）。

A．换位思考　　　　　　　　　　B．善于倾听

C．据理力争　　　　　　　　　　D．尊重客户

（2）客服人员在日常工作中遇到最多的就是客户的咨询。以下不属于客户咨询的流程的是（　　　）。

A．记录问题　　　　　　　　　　B．分析问题

C．配合处理　　　　　　　　　　D．拖延回答

（3）需求就是需要和要求，客户询问客服必定是有商品或服务上的需求，弄清这些需求可以帮助客服更容易地完成销售任务。以下不属于客户的需求的是（　　　）。

A．安全需求　　　　　　　　　　B．消费需求

C．社交需求　　　　　　　　　　D．尊重需求

（4）给客户推荐搭配销售有很多方法，以下商品不适合关联销售的是（　　　）。

A．成套的商品　　　　　　　　　B．同风格和色系的

C．价格相差大的　　　　　　　　D．数据推荐搭配的

（5）以下不属于打消客户对商品疑虑的方法的是（　　　）。

A．专业服务　　　　　　　　　　B．销售数据

C．资质证明　　　　　　　　　　D．爱买不买

2．填空题

（1）在与客户交流的过程中，应该时刻把（　　　）的原则放在首位。

（2）（　　　）是交易过程中非常重要的沟通技能。只有站在客户的立场上，从客户的角度出发，客服的倾听才会更有效、更到位。

（3）客户对商品产生疑虑不外乎有 3 个原因：商品质量不好，退换货太麻烦；商品价格贵，性价比不高；（　　　）。

（4）客服的本职工作还是销售工作，做好销售工作，不仅需要熟练操作通信工具、熟悉平台规则、店铺商品知识及活动外，还一定需要会（　　　）。

（5）（　　　）不仅可以促进商品销量，还可以有效地提升客户体验。

3．简答题

（1）作为一名优秀的客服，怎么样合理搭配销售商品？

（2）在向客户介绍商品的时候应该注意哪些问题？

项目 4 售中服务技能

通过售中服务技能章节的学习，了解说服客户下单的方法，熟悉催付技巧，掌握处理订单的流程，具有独立完成售中客服的能力。
- 了解如何挑选催付订单；
- 熟悉使用工具进行催付；
- 掌握催付的策略和禁忌；
- 具有独立处理订单的能力。

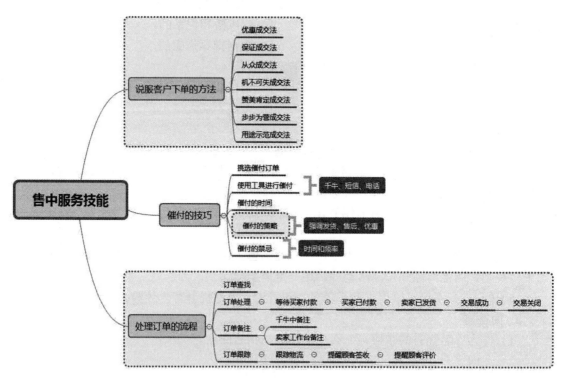

【情景导入】

某网店自开业以来业绩还不错，一旦遇到促销活动时就忙得不可开交，但从今年 6 月份开始网店销量呈现下滑趋势，于是店长把今年和去年 6 月份以来的销量总额进行了对比，发现网店整体销量确实下滑得厉害，具体原因不明。为了弄清楚网店销量下滑的具体原因，店长找来了网店的客服主管，让他把近三个月内每一位客服工作情况的统计表发给他。经过分析，店长发现网店销量下滑与客服的服务有直接关系，客服响应时间长导致丢单是最主要的原因。除此之外，客服的询单转化率低于网店规定的最低水平，也是导致网店销售业绩下滑的因素。此时，店长意识到再这样下去网店就会面临关闭的危机。店长发现询单转化率、响应时间等数据真实地反映了客服工作过程中存在的问题。因此，店长根据这些数据对客服的工作提出了新的要求。

【任务描述】

客户的售前体验只是网店客服工作的开始，紧随其后的还有售中客服，售中服务的好坏也会对网店的成交量产生影响。好的售中服务会让客户买得称心，从而有效减轻售后压力。由此看来售中客服不但要认真做，而且还要做好，这就要求客服在不断地实践中积累经验和学习反思，以此提升自己的服务技能。

作为一名客服，除了能够耐心解答客户提出的各种疑问并读懂客户的需求，更重要的是将自己的服务转化为网店的实际盈利。

技能点一　说服客户下单的方法

有效促进客户下单是店铺运营的核心环节，在客户犹豫不决时需要用一些营销方法和话术让客户尽快下单，促成成交。下面介绍尽快促成交易的几种方法。

1. 优惠成交法

优惠成交法又称让步成交法，是通过提供优惠条件促使客户立即购买的一种方法。这种方法主要利用客户购买商品的求利心理，通过销售让利促使客户成交。这种方法能够增强客户的购买欲望，融洽买卖双方的人际关系，有利于双方长期合作。

这种方法尤其适用于销售某些滞销品，以减轻库存压力，加快存货周转速度。但是，采取优惠成交法，通过让利来促成交易，必将导致销售成本上升，如果没有把握好让利的尺度，则还会减少销售收益。

在使用优惠成交法时，客服要注意以下 3 点。

- 让客户感觉自己是特别的，优惠只针对他一个人。
- 千万不要随便给予优惠，否则客户会提出进一步的要求，甚至是无法接受的要求。

● 　先表现出自己的权力有限，需要向领导请示："对不起，在我的处理权限内，我只能给您这个价格。"然后话锋一转："不过，因为您是我的老客户，我可以向经理请示一下，给您一些额外的优惠。但这种优惠很难得到，我也只能尽力而为。"这样，客户的期望值就不会太高，即使得不到优惠，也会产生情绪的波动，如图4-1所示。

图4-1　优惠成交法

2. 保证成交法

保证成交法是客服直接向客户提供成交保证来促使客户立即成交，客服所允诺担负交易后的某种义务。保证成交法针对客户的忧虑，通过提供各种保证来增强客户的决心，既有利于客户迅速做出购买决定，也有利于客服有针对性地化解客户异议，有效促成交易。采用此法必须"言必信，行必果"，否则势必会失去客户的信任。

（1）使用保证成交法的优点

● 　可以消除客户的成交心理障碍。
● 　可以增强客户成交的信心。
● 　可以增强说服力和感染力。
● 　有利于客服妥善处理与成交有关的异议。

（2）使用保证成交法的时机

● 　当商品单价高昂，成交金额大，风险大，客户对商品不十分了解，对其性能、质量没有把握，存在成交心理障碍，犹豫不决时，应向客户提供保证，以增强客户成交的信心。

● 　客户对商品的销路尚无把握，或者在客户的心目中商品的规格、结构、性能复杂，这时应向客户提供保证，打消其疑虑。

客户对交易后可能遇到的一些问题还有顾虑，如运输问题、安装问题等，此时应通过提供保证，解除客户的后顾之忧，促使其尽快做出成交决定，如图 4-2 所示。

客户："如果我买了这件商品以后发现问题，比如质量问题，该怎么办呢？"

客服："我们的商品的生产过程是非常严谨的，绝对没有问题。万一出现问题，我们将马上给您更换。"

图 4-2　保证成交法

3. 从众成交法

从众成交法也称排队成交法，是客服利用客户的从众心理，促使客户立刻购买商品的一种方法。在运用此方法前，必须分析客户类型及其购买心理，有针对性地适时采用，积极促使客户购买。

从众成交法利用了客户的从众心理，可简化客服劝说的内容、降低劝说的难度，但不利于准确、全面地传递各种商品信息，对于个性较强、喜欢表现自我的客户往往会起到相反的作用。

使用从众成交法时出示的有关文件、数据必须真实可信，采用的各种方式必须以事实为依据，不能凭空捏造、欺骗客户；否则，受从众效应的影响，不但不能促成交易，反而会影响店铺的信誉。

例如，客户看中了一台豆浆机，却没有决定是否购买。这时可以告诉客户："您真有眼光，这是目前最为热销的豆浆机，平均每天要销 200 多台，旺季还要预订。"如果客户还在犹豫，则可以说："我们员工也都在用这款豆浆机，都说方便、实惠。"这样，客户就很容易做出购买决定了，如图 4-3 所示。

图 4-3　从众成交法

4. 机不可失成交法

机不可失成交法主要利用了人们"怕买不到"的心理。人们对越得不到、买不到的东西，越想得到、买到，这是人性的弱点。一旦客户意识到当前是购买这种商品难得的良机，那么会立即采取行动。机不可失成交法正是抓住了客户"得之以喜，失之以苦"的心理，通过给客户施加一定的压力，来敦促其及时做出购买决定。

机不可失成交法利用人们害怕失去原本能够得到的某种利益的心理，可以引起客户的注意，刺激客户的购买欲望，避免客户在成交时提出各种异议，把客户成交时的心理压力变成成交的动力，促使他们主动提出成交。

当一个人真正想要得到某件商品的时候，会因为害怕无法得到而不由自主地产生一种紧迫感，在这种心理的作用下，就会积极地采取行动。针对客户这样的心理，客服在与其沟通时，要善于恰当地制造一些悬念，如只剩下 1 件商品、只有 5 天的优惠活动、已经有人订购了等，让客户产生一种紧迫感，觉得如果再不买，就错过了最佳的购买机会，可能以后就没有机会得到了，从而促使客户果断地做出决定，使交易迅速达成。

客服在使用这种方法的时候要注意以下几点。

- 限数量：主要表达"数量有限，欲购从速"。
- 限时间：主要是在指定时间内享有优惠。
- 限服务：主要是在指定的数量内会享有更好的服务。
- 限价格：主要针对要涨价的商品。

5. 赞美肯定成交法

每个人都喜欢听好话，可以说，没有人喜欢别人指责自己。即使好朋友，当指出他的错误时，也需要善意地提醒，如果当众说出来，则会让他的面子挂不住，严重的时候可能会连朋友都没得做了。而对于赞美之词，一般情况下，人们都会乐于接受，即使赞美有些过头，往往也会"来者不拒"。

赞美肯定成交法是客服以肯定的赞语坚定客户的购买信心，从而促成交易的一种方法。肯定的赞誉对客户而言是一种动力，可以使犹豫者变得果断，使拒绝者无法拒绝。

在网络交易中，可以运用一些赞美的小技巧，让客户在购物的过程中不仅能买到自己中意的宝贝，也能收获一份好心情。更重要的是，这会让客户更加喜欢我们的店铺，加深对店铺的印象。如果客户对商品很满意，那么他最终会成为我们最忠实的客户。

例如，当一位女客户为挑选上衣的颜色而犹豫不决时，客服采用赞美肯定成交法应说："您还是选那件黑色上衣吧！黑色是今年的流行色，您穿上更显出与众不同。"如图 4-4 所示。或者"您真是独具慧眼，您挑的鞋正是今年最流行的款式。"

客服采用赞美肯定成交法，必须确认客户对商品已产生浓厚兴趣。客服在赞美客户时一定要发自内心，态度要诚恳，语言要实在，不要夸夸其谈，更不能欺骗客户。客服由衷的赞语是对客户最大的鼓励，可以有效地促使客户做出购买决定。但是这种方法有强加于人之感，运用不好可能会遭到拒绝，难以再进行深入的交谈。

图 4-4　赞美肯定成交法

6. 步步为营成交法

步步为营成交法需要牢牢抓住客户所说的话，来促使洽谈成功。这种成交技巧对成交有很大的好处。步步为营成交法要求一步一步地解决客户提出的问题，谈话尽量围绕客户的问题展开。如果客户说："你这里的商品还不错，价格也实惠，但是我希望能够购买到一部经济实惠、款式时尚、功能齐全的手机，好像你这里没有这样的商品。"那么，客服可以马上回复："那给您推荐另一款满足您需求的商品，并且价格同样实惠，您看一下！"

例如，一位客户进入店铺后，要求客服给他推荐一款手机，如图4-5所示。

客服：这款手机不错，您看怎么样？

客户：这款手机的颜色搭配不怎么样，我喜欢那种黑色的。

客服：我能为您找一款黑色的，怎么样？

客户：哎呀，价格是不是太高了？我出不起那么多钱啊，我最多出1000元！

客服：您别急，我问问老板，看看最低多少钱，如果降到差不多的价格，您再考虑一下，这款功能齐全，性价比是非常高的呢。

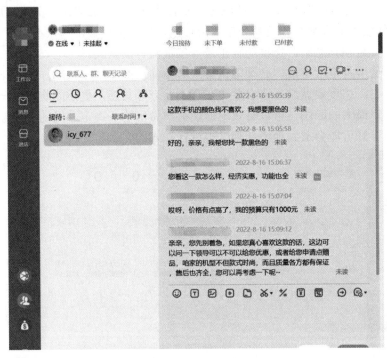

图4-5　步步为营成交法

7. 用途示范成交法

在向客户介绍商品时，免不了要介绍商品的用途，但这并不意味着仅仅罗列商品的用途，还需要进行演示。例如，利用摄像头现场示范或者拍摄一些视频短片，往往会加深客户对商品的印象，使客户获得一种安稳的感觉，增加他们对商品的信任感。这样，客户一方面早已心动，另一方面体会到了商品的特点，就会毫不犹豫地购买。

技能点二　催付的技巧

在网店销售过程中，客户拍下宝贝但却迟迟不付款的情况时有发生，为了顺利完成订单，提高销售额，网店客服应该采取一定的方法进行应对。首先，要分析客户不付款的原因，找到原因后再见招拆招，从容应对客户拍下不付款的行为。此外，客服还可以借助千牛、短信、电话等工具进行协助催付。

1. 挑选催付订单

在催付之前，客服首先要查看"等待客户付款"的订单。最常用的方法是通过"卖家中心"的后台进行查看。具体操作如下："工作台→已卖出的宝贝→等待卖家付款"，如果订单量比较大，可以单击"已卖出的宝贝"页面中的"批量导出"按钮，然后在展开的页面中单击"生成报表"按钮，如果 4-6 所示。

图 4-6　批量导出订单

打开"批量导出"页面，单击"生成报表"按钮，待下载完毕后，点开"查看已生成报表"，即可在 Excel 文档中查看客户的会员名、客户应付货款、订单时间、订单状态、联系电话等详细信息，如图 4-7 所示。

图 4-7　下载订单报表

2. 使用工具进行催付

当客服在联系客户进行催付时，必须先选择好催付的工具，一般有千牛、短信、电话 3 种工具可供选择。其中，千牛工具是最常使用的，除此之外，短信和电话也可以发挥不错的效果。

（1）千牛

"千牛"是客服最常用的工具，使用"千牛"和客户沟通是完全免费的，沟通成本低，效率高。在沟通过程中，客服可以快速发送订单链接发给客户，方便客户进行付款操作，如图 4-8 所示。

千牛催付也有不足之处，当客户不在线时，客服发送的信息不能保证客户能及时收到，此时，客服就只能给客户留言，或者换用其他的催付工具进行直接沟通。

（2）短信

短信与千牛不同，通常卖家发送的短信，客户基本不会回复，因此，客服编辑的短信内容一定要全面清晰。另外，短信有字数限制，短信内容要精练，让人一目了然。

客服在给客户编辑短信时，短信内容一般应包含以下 4 个要素。

● 店铺：一定要让客户知道是哪个店铺发来的信息。

● 商品：提醒客户所购的商品，在短信内容中注明所购商品的名称。

● 时间：提醒客户在什么时候购买的商品，进一步加深购买记忆。

● 技巧：客服可以在短信中适当给客户施加紧迫感，如活动即将结束，暗示其抓紧时间付款；也可以告知客户所享受的特权，如"您是我们的 VIP 客户，现在购买可以享受 8.5 折优惠"等。

图 4-8　使用千牛催付

（3）电话

除千牛和短信外，电话也是常用的催付工具。对于订单总额比较大的客户，推荐使用电话催付的方式。电话沟通的效果更好，客户的体验度也很高，但在电话催付时，客服应注意以下 3 点要素。

● 自我介绍：首先自报家门，让客户知道你是谁，为什么打这个电话。

● 礼貌、亲切：在谈话过程中，要以客户为中心，不能一味地催促客户付款。另外，打电话的时间也要恰当，不能影响客户的日常生活。

● 口齿清晰：注意说话的语速，要让客户能够听清你说的内容。

3. 催付的时间

一些没有经验的客服人员，在看到客户下单后长时间没有付款时，本能地就想要催促付款。其实见单就催不是一个很好的习惯，催付也是要把握好时间的。经过一线客服人员的总结，催付时间要根据订单时间来。

- 上午订单最佳催付时间：11:00—12:00；
- 下午订单最佳催付时间：16:00—17:00；
- 当晚订单最佳催付时间：次日 11:00—12:00。

这是因为客户上午工作到 11:00—12:00，下午工作到 16:00—17:00，一般都会感到疲惫，此时有很大的可能在做与工作无关的事，比如看看网页、逛逛淘宝，这个时候催付不容易引起客户的反感，客户也有时间来进行付款。

通知客户关闭订单也是一种催付，客服人员在第一次催付之后，可以在隔天的同一时间再次进行催付，引起客户的重视。如果客户仍未付款，则最好不要再次催付了，有的店铺会最后通知客户关闭订单，这也是一种变相的催付，可以借鉴。

4. 催付的策略

在催付过程中，如果客服可以运用相应的策略，有时可能会起到事半功倍的效果。催付时告知客户付款后带来的好处，这是最常用的策略。此外，还可采用以下策略。

- 强调发货：比如"亲，我们已经在安排发货了，看到您的订单还没有支付，这里提醒您现在付款我们会优先发出，您可以很快收到包裹的"。
- 强调库存：比如"亲，看到您在活动中抢到了我们的宝贝，真的很幸运呢。但您这边还没有付款，不知道遇到什么问题呢，再过一会儿就要自动关闭交易了。别的客户会拿走这个订单，那您这边就失去这次机会了"。
- 强调售后：比如"亲，看到您这边没有支付，我们这边是 7 天无理由退货，还帮您购买了运费保险，收到包裹后包您满意，如果不满意也没有后顾之忧"。

5. 催付的禁忌

在催付过程中，有两点禁忌需要客服特别注意。

（1）时间

客服需要了解合理的催单时间，也就是说，不要在客户休息或赶时间的时候催付。例如，客服早上查看订单时发现有客户凌晨 1:00 拍下了一件商品，如果早上 8:00 客服打电话催付，那时客户很可能还在睡觉，打扰客户的睡眠对接下来的催付是很不利的。

需要注意的是，购买两次以上的客户通常对网店有信任感，并且了解商品，所以客服不必太着急去催付。如果是日常交易，在进行催付之前可以先询问一下客户对商品的使用感受，再次提高客户的黏度。

（2）频率

不要使用同一种方法重复催付，并且催付频率不应太高，要把握好分寸。如果客户实在不想购买，千万不要勉强，选择退让可以给客户留下一个好的印象。

技能点三 处理订单的流程

一名合格的客服要学会如何处理订单，才能保证工作有条不紊地进行，达到事半功倍的效果。

1. 订单查找

在线客服在日常工作中经常遇到这样的客户："我之前在你家买过一支麦克风，现在想再买一支，但是链接找不到了，不知道你家还有吗？"

这时，在线客服首先需要知道客户之前买的是哪款麦克风，最快速的方法就是查找客户的历史购买订单。可以在千牛卖家中心查询订单。进入工作台，按照路径"我是卖家"—"交易"—"已卖出的宝贝"查找，如图4-9所示。

图 4-9 订单查找页面

在这里可以选择查找的时间段，可以通过宝贝名称、客户昵称、订单编号、快递单号等来进行查找。特别要注意的是，如果不选择时间段，则默认查找近三个月的订单；如果需要查找三个月前的订单，则可以单击"三个月前订单"进行查找。

当查找到客户的历史订单后，就可以回复客户："您好，亲，您之前购买的那款麦克风已经升级了，比之前的更好用了，我把升级款链接发给您。"

在日常工作中还会有多种情况需要在线客服去查找订单，应根据需求去灵活选择查找方法。

2. 订单处理

从客户进店拍下商品开始，会产生多个订单节点，称为订单状态，每种状态下的订单都有需要在线客服去做的工作。

（1）等待客户付款

在卖家中心里，等待客户付款的订单状态在前面已经介绍了，这里不再赘述。

（2）客户已付款

在卖家中心里，客户已付款的订单状态如图 4-10 所示。

图 4-10 客户已付款的订单状态

客户已付款后，接下来就是等待卖家发货。在淘宝交易中，有不少订单因为客户地址留错或者商品拍错而导致出现退换货情况，所以，在发货前，在线客服有必要跟客户进行订单信息核对，包括收货地址及商品信息等。

也偶尔会有客户直接申请了退款，当客服做好了安抚与解释工作后，该客户又想继续购买此商品，这时客服只需要单击发货，订单就会正常进入下一个环节，即卖家已发货的状态。

（3）卖家已发货

在卖家中心里，卖家已发货的订单状态如图 4-11 所示。

图 4-11 卖家已发货的订单状态

当客户付款后，一部分客户会询问"是否发货了""快递到哪儿了"之类的问题。如果仓库已经发货，那么在线客服可以单击"查看物流"，将会出现这笔订单的物流信息，如图 4-12 所示，再将物流信息告知客户即可。

图 4-12　物流信息

卖家发货后，在一定时间内如果客户没有单击"确认收货"，那么淘宝系统会自动帮客户确认收货。如果遇到物流不能及时送达等问题，则会出现客户还没有收到货，但是订单已经确认收货的情况。这时候，在与客户协商后，在线客服可以延长确认收货期限，让客户有更多的时间来确认收货。

（4）交易成功

当客户收到商品，确认收货后，交易状态会变为交易成功。在卖家中心里，交易成功的订单状态如图 4-13 所示。

图 4-13　交易成功的订单状态

交易成功不代表交易结束，这时候在线客服可以对客户进行回访，比如在使用商品方面是否有不懂的地方、鞋子是否合脚等，以此来体现对客户的关怀，提升客户的购物体验，提高店铺的回购率及口碑。

（5）交易关闭

在等待客户付款、客户已付款、卖家已发货、交易成功这几种订单状态中，因为卖家缺货、少货等，或者客户对服务不满意、不想购买、退款等，都有可能变为"交易关闭"状态，如图 4-14 所示。

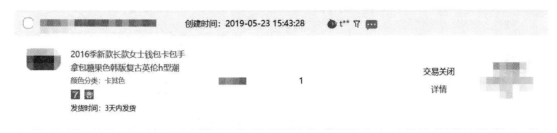

图 4-14　交易关闭的订单状态

作为跟客户直接接触的在线客服，需要分析为何交易会关闭，并且在必要的情况下请掌柜协助找到交易关闭的原因，优化商品和服务，降低交易关闭率。当已经有解决方案时，在线客服需要积极地促使客户重新下单。

3. 订单备注

在线客服在与客户的沟通中，有时候需要对客户情况做一些记录，这些记录可以是给店铺内其他同事看的，也可以是给自己看的。订单备注在任何订单状态下都可以修改，比如发货前客户指定了发顺丰快递，在线客服就可以在这笔订单上备注"发顺丰"，在仓库打单发货时，看到了该备注就不会发错快递，从而避免纠纷的发生。

订单备注可以在两个地方进行操作：一是在千牛中备注；二是在卖家中心里备注。

（1）在千牛中备注

在与订单对应的客户对话框右侧，可以对该订单进行备注，如图 4-15 所示。

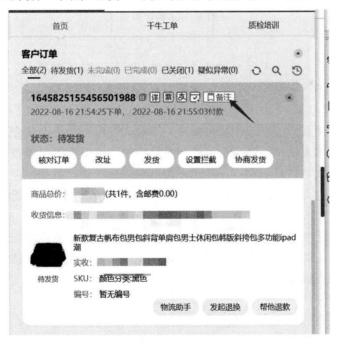

图 4-15　在千牛中备注

（2）在卖家工作台里备注

在卖家中心"已卖出的宝贝"页面中，在每笔订单的右上角都有一个默认的灰色旗子图标，如图 4-16 所示。

图 4-16   初始灰色旗子图标

单击灰色旗子图标，进入备注页面，如图 4-17 所示。与在千牛中备注一样，填写标记信息，选择旗子颜色，单击"确定"按钮即可。

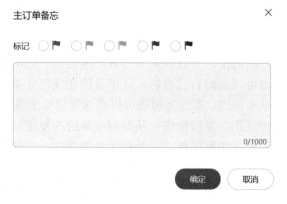

图 4-17   备注页面

4. 订单跟踪

店铺将商品发出后，客服要对订单进行跟踪与查询，确认商品安全到达客户手中。之后还要通知客户对本次交易进行评价。这是整个售中流程的终点。

（1）跟踪物流

一般来说，如果客户没有反馈物流问题，客服人员是不用去查询商品物流状态的。有时候客户会联系客服人员，反馈说迟迟没有收到快递，客服人员就要查询该客户订单的物流状态。查询的方式一般有两种，一种是在淘宝网店后台管理系统里面进行查询，另一种是在快递官网上进行查询，或直接在百度搜索栏中输入快递单号进行查询。

（2）提醒客户签收

当快递在派件途中的时候，平台会提示卖家，某商品正在派件，当客服人员收到信息之后，可以用短信或线上的方式提醒客户注意签收，这不仅能让客户感受到店铺的周到服务，还能让客户预先调整自己的时间去接收包裹。

（3）提醒客户评价

客服每天要检查订单物流，如果发现某订单已经被客户签收商品，则最好再发送短信给客户，对客户表示感谢，并以优惠券、赠品等形式促使客户及时给予好评。

课程思政：具备工匠精神，争做行业标兵

英国航海钟发明者约翰·哈里森是工匠精神的典型代表。他费时 40 余年，先后造出了五台航海钟，其中以 1759 年完工的哈氏 4 号最为突出，通过海上航行 64 天的测试，把法案规定的最小误差 2 分钟缩短至 5 秒，完美解决了航海经度定位问题。我们在学习课程过程中，一定要时刻以工匠精神严格要求自己，把课程中涉及的软件操作和应用做到极致，精益求精。工匠精神是一种职业精神，它是职业道德、职业品质的体现，是从业者必须具备的一种职业价值取向和行为表现。

技能点四　实训案例：某品牌官方旗舰店售中订单实操

售中客服一般是承接客户付款后但是未退货退款这段时间的交易咨询，相对比较简单。在工作过程中需要注意流程规范，正确回答客户的疑问并及时解决，避免后续退款造成店铺损失。实训中主要涉及审核时效的掌握、售中订单的核实、物流查询、退款操作等。

1. 审核时效

审核时效是客服在接待咨询过程中，对客户订单的金额、订单状态、订单性质进行判断，结合商家设定的审核时效进行操作和处理，避免超出自己权限范围的误操作和自动退款等损失，如表 4-1 所示。

表 4-1　商家审核时效规则表

发货方式	订单状态	商品范围	退款规则	商家审核规则
商家自发货	未发货	特殊商品（仅限定制类）	消费者申请未发货退款，需要商家审核	审核时效：14 小时，超时：系统自动通过
	未发货	非特殊商品	消费者在订单支付后 2 小时内申请的未发货退款，且订实付小于 500 元，极速退款	无需商家审核，系统自动通过并立即退款
			订单支付超过 2 小时或订单实付超过 500 元的，需要审核	审核时效：14 小时，超时：系统自动通过
有品配送	未发货	所有商品	系统自动审核，一般即时退款	无需商家审核

2. 售中订单处理

（1）快递拦截操作流程

快递拦截，是指后台系统已上传物流单号后，客户不需要包裹、需要修改地址、无法签收包裹等情况，需要由客服通知寄件快递将包裹退回原地址的操作。

具体类型如下：包裹在仓库打包中、包裹等待快递员揽收、包裹运往快递站点途中、快递员揽收后、包裹走件、包裹运输中、包裹派送中等情况。

客服反馈拦截后需要及时登记到在线拦截表格内，确保订单后续跟进，如果发现订单已被签收了，第一时间联系客户或快递员取回包裹。客服需要填写：日期、登记人、店铺名、平台单号、快递公司、快递单号、是否已建单、是否已退款。

注意以下几种状态会容易触发平台物流违规处罚。

1）客户申请退款，系统已回传物流单号，客服在未有揽收信息前反馈库内拦截。

此种情况容易引发揽收超时，如客户在客服反馈库内拦截后，取消了退款申请，因库内拦截基本是 100%成功，所以客户后续取消退款申请后，物流无法继续走件，必须要更换物流单号，而平台规定更换的物流订单是需要发货后 24 小时内更改，超时更改物流单号被判断为虚假物流，按销售金额的 30%扣罚，客服在操作库存拦截时，要确保以下两种情况：第一，库内拦截前需要同意客户退款；第二，等待有揽收信息后才能反馈拦截。

2）如果客户要求退款，并拦截包裹，需要提醒客户拦截包裹都是有风险的，需要拦截成功后才能退款。

3）如物流显示以下几种情况，可优先安排退款。

● 应客户要求，快件正在退回中。

● 客户拒收包裹，进一步退回。

● 退件已签收（已退回）。

● 包裹正在派送中。

（2）售中客服处理标准

关于售中处理，每个店铺有自己专有的规范，根据品类和商品的不同以及公司对待退款的价值观不同会有所差异。表 4-2 为售中客服处理标准。

表 4-2　售中客服处理标准

状态	后台是否回传单号	是否已揽收	订单数量是否有要求	是否已退	处理方式
未发货	否	否	否	是	同意退款
已发货	否	否	否	是	及时反馈拦截，跟进订单拦截成功，如拦截不成功，由客服×××承担
	否	是	否	是	
	是	是	否	否	反馈拦截，顺丰、邮政、中通：广东省及周边省份（江西、福建、广西）内不退，其他地区可优先退
	是	否	否	否	待揽收成功，出第一条物流信息后才可以拦截，如未拦截成功，让客户自行拒收，如客户不愿意拒收，让快递取件退回，不可优先退款 如果要优先退，必须要满足以下条件： 1.库内拦截，付款时间和拦截时间之间不超过 12 小时，且需要第一时间补发并更新最新的物流单号； 2.库存拦截后必须要同意后台退款，如客户只在千牛要求退款，未在后台申请，不能反馈拦截； 3.收件地址的物流走件在 3 天及以上； 4.物流已有返回寄件地址的信息
未流入	否	否	否	是	后台同意退款

本章对售中服务技能进行详细的介绍，包括售中说服客户下单的方法、催付的技巧和订单的处理流程 3 方面的内容。

deal	成交
persuade	说服
praise	赞美
sure	肯定
skill	技巧
order	订单
product	商品
process	流程
lookup	查找
handle	处理

1. 选择题

（1）采取优惠成交法，通过让利来促成交易，必将导致销售成本上升，如果没有把握好让利的尺度，则还会减少销售收益。在使用优惠成交法时，客服要注意分寸，以下错误的做法是（　　）。

A. 让客户感觉自己是特别的，优惠只针对他一个人

B. 千万不要随便给予优惠，否则客户会提出进一步的要求，甚至是无法接受的要求

C. 先表现出自己的权力有限，需要向领导请示

D. 直接优惠

（2）当客服在联系客户进行催付时，必须先选择好催付的工具，一般有（　　）、短信、电话 3 种工具可供选择。

A. 千牛　　　　　　B. QQ　　　　　　C. 邮件　　　　　　D. 微信

（3）催付也是要把握好时间的。经过一线客服人员的总结，催付时间要根据订单时间来确定：上午订单最佳催付时间：11:00—12:00、下午订单最佳催付时间：16:00—17:00 和当晚订单最佳催付时间是（　　）。

A. 次日 10：00—11：00　　　　　　B. 当晚催付

C. 次日 11:00—12:00　　　　　　　D. 次日 9：00—10：00

（4）从客户进店拍下商品开始，会产生多个订单节点，称为订单状态，每种状态下的订单都有需要在线客服去做的工作。以下（　　　）不属于常规的订单状态。

A. 等待客户付款　　　　　　　　　　B. 卖家已发货

C. 客户已付款　　　　　　　　　　　D. 订单取消

（5）店铺将商品发出后，客服要对订单进行跟踪与查询，确认商品安全到达客户手中。之后还要通知客户对本次交易进行评价。这是整个售中流程的终点，具体包括追踪物流、提醒客户签收、（　　　）。

A. 收集客户信息　　　　　　　　　　B. 提醒客户评价

C. 与客户闲聊　　　　　　　　　　　D. 索要好评

2. 填空题

（1）（　　　）又称让步成交法，是通过提供优惠条件促使客户立即购买的一种方法。这种方法主要利用客户购买商品的求利心理，通过销售让利促使客户成交。

（2）从众成交法利用了客户的（　　　），可简化客服劝说的内容、降低劝说的难度，但不利于准确、全面地传递各种商品信息，对于个性较强、喜欢表现自我的客户往往会起到相反的作用。

（3）客服在使用机不可失成交法的时候要注意以下几点：限数量、限时间、限服务、（　　　）。

（4）催付时告知客户付款后带来的好处，这是最常用的策略。此外，还可采用以下策略：强调发货、强调库存、（　　　）。

（5）在催付过程中，有（　　　）（　　　）两点禁忌需要客服特别注意。

3. 简答题

（1）简述说服客户下单的方法有哪些。

（2）简述怎么样在"卖家中心"给订单添加备注。

项目 5　售后服务技能

通过售后客服技能章节的学习，了解售后客服的基本思路，熟悉常见的售后问题，掌握处理评价的方法，具有处理客户纠纷的能力。

- 了解售后问题的轻重缓急；
- 熟悉常见售后问题的处理方法；
- 掌握处理客户纠纷和处理中/差评的方法；
- 具有独立处理售后问题的能力。

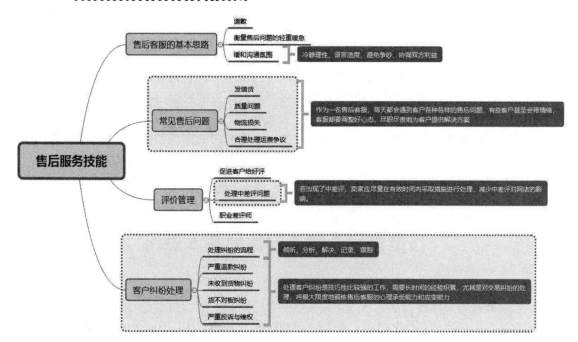

【情景导入】

李华在淘宝网某开展满 200 元包邮活动的网店中选购了两条裙子，在成功付款后，网店客服在确认商品订单过程中发现有一件商品没有现货，需要从别的地方调货，但是客服并没有告知李华商品缺货且需要从别处调货的情况，而是按正常的订单进行确认处理。5 天后李华收到了快递，她打开包裹后发现只有一条裙子，于是询问网店客服，此时客服才告知李华另一条裙子需要从别的地方调货，所以要晚几天才能送到。李华听后很不满。几天后，李华收到了另外一条裙子，发现裙子上有小瑕疵，但是不影响穿着，所以并未联系卖家反馈商品情况，而是正常确认收货，并如实对商品和网店进行了评价"缺货时，也不与客户联系，最终商品是收到了，但等待的时间未免也太长了吧"，并给予了差评。看到李华给出的评价后，客服多次不分时间、场合地给李华打电话，要求李华修正评价，但李华不同意。后来卖家恼羞成怒，在李华的评价下进行回复，污蔑李华是恶意差评师，并泄露了她的姓名和手机号码，影响了李华的日常生活。于是，李华在淘宝平台投诉了卖家并将卖家告上了法庭，卖家最终败诉并对李华进行了赔偿。

【任务描述】

客户在网店购买商品并成功下单后，客服服务的工作重心就转向了售后，客服一定要保证商品及时发货，确保客户能够在第一时间收到商品；还要及时跟踪物流，并且对客户反馈的问题和评价及时进行回应，避免引起中评、差评或投诉。并且在面对中/差评问题上，一定要做到有足够的耐心，站在客户的角度，换位思考处理问题。

客户对购买的商品有自己的满意度认识，一旦商品出现了问题，需要找人处理，于是售后客服应运而生。售后客服的职责是解决因销售而产生的纠纷，有效地降低客户的投诉率和店铺的纠纷率，并且着力于提高客户的满意度。

售后客服是较为艰辛的工作，日常面对的大多是客户的抱怨和指责。本项目主要探讨售后客服的服务技能，介绍售后客服的工作流程。学习售后客服工作的具体内容，有助于售后工作的顺利开展。

技能点一　售后客服的基本思路

售后客服每天接触的都是一些让人头疼的售后问题，面对的都是心怀不满的客户，处理的都是让人烦躁的抱怨和投诉，种种负面情绪充斥着售后客服的工作，售后客服的情绪难免会受到影响。可是作为一名专业的售后客服，必须有应对负面情绪的技能，同时要掌握售后客服的基本思路，工作起来才会得心应手，如图 5-1 所示。图 5-2 则展示了售后客服工作流程。

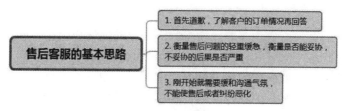

图 5-1 售后客服的基本思路

售后服务流程

图 5-2 售后客服工作流程

1. 道歉

从心理层面来讲,道歉有着疗愈人心的作用,因而道歉对平复对方的心情是非常有效的。而从售后角度来讲,多次道歉是售后客服面对客户时首先要做的工作,不要过于纠结到底是哪方的过错,先向客户道歉,总能多多少少让客户获得满足感,进而才能心平气和地交谈。

(1) 道歉时机的掌握

道歉不是不分时机的盲目行为,售后客服要掌握道歉的时机,知道什么时候给客户道歉,向客户道歉多少次较为合适。下面通过案例对道歉时机进行讲解。如图 5-3 所示,售后客服在首次回答客户的问题时,因为深知客户多对商品不满意,所以使用承诺性的话术,让客户不必烦恼;接着在弄清客户找售后客服的原因后便立即道歉,并询问具体的使用细则;而客户的回答中依旧透露了愤怒情绪,所以售后客服再次道歉。这样的道歉方式让客户感到自己受到了尊重与重视,对谈话的推进是有帮助的。

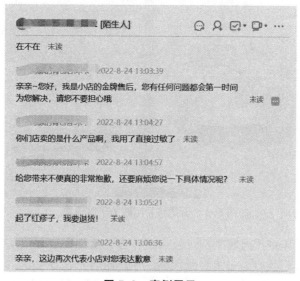

图 5-3 案例展示

（2）道歉内容的编辑

面对怒气冲冲的客户，售后客服要懂得倾听客户的烦恼和抱怨，并在客户抱怨时清楚地表达自己已经知晓这个问题的存在；紧接着用专业术语耐心地安抚客户，将沟通调至较为和谐的状态。那么，道歉内容的编辑就十分重要了，如表 5-1 所示。如果道歉内容编辑得不妥当，不仅不能得到客户的原谅，还会让事情变得更为棘手。

表 5-1　道歉内容编辑

耐心倾听	A：好的，我明白了； B：我明白您的意思了； C：xx先生/小姐，我非常理解您现在的心情； D：您的问题我已经记录下来了，一定会尽快帮您解决的。
平息怒气	A：真的非常抱歉，请您谅解； B：对不起，给您造成不便是我们的责任，请您见谅； C：xx先生/小姐，听到您反馈的这件事，我们也感到非常抱歉，让您的购买体验不愉快； D：发生这样的事情，我们真的非常抱歉，是我们的失职，但我们会尽力补偿的，帮您妥善解决问题。

2. 衡量售后问题的轻重缓急

任何事情都是有轻重缓急之分的，淘宝售后问题也不例外。售后客服每天会接到很多待处理的售后问题，应该按顺序处理这些问题才能最大限度地保证店铺的利益。

如图 5-4 所示，售后问题的种类是相当繁多的，包括退款问题、质量问题、物流问题、差评问题、投诉问题、维权问题等。售后客服要善于区分这些问题的轻重缓急，这样售后客服在处理这些问题时才能有条不紊。

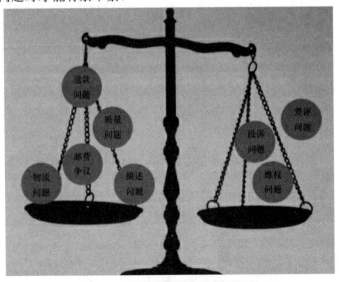

图 5-4　衡量售后问题的轻重缓急

下面以物流问题和差评问题为例进行讲解。首先看由问题导致的结果的严重性。物流问题是指快递发出后，客户久久未收到商品，而这时客户往往会认为责任在店铺。对于买卖双方而言，物流问题都是让人头疼的，而快递公司掌握着商品送达速度的"决定权"。这个问题如果处理不当，会造成客户的不满，店铺不仅会有收到差评、投诉的可能，还可能会永久地失去这位客户。

差评是指客户因商品的质量、客服的服务、物流的速度等诸多原因给商品一个不好的评价，而这样的评价将直接影响店铺的动态评分和累积信用，让店铺在同类商品中的排名下降。这不仅会使店铺损失当前这位客户，还会让店铺损失许多潜在客户，对整个店铺的发展十分不利。所以从结果的严重性来讲，差评问题比物流问题紧急得多，二者在同一时间发生时要优先处理差评问题。其实还需要考虑客户对这一问题的紧急性和迫切性，要时时刻刻站在客户的角度去考虑问题，给予客户高质量的售后服务。

3. 缓和沟通氛围

面对怒气冲冲的客户，售后客服切忌硬碰硬，要力图使得双方的对话氛围有利于双方沟通，有利于解决问题，可从以下 4 个方面对缓和沟通氛围的方法进行学习。

（1）冷静的理性思考

在售后客服与客户的沟通中，很多时候客户会脱离客观实际，盲目地坚持自己的主观立场，甚至忘记了自己的出发点是什么，从而引起不必要的矛盾。双方互不相让，当矛盾激化到一定程度的时候即形成了僵局。售后客服在处理僵局时，要能防止和克服因对方情绪过激所带来的干扰。一名优秀的售后客服必须具备头脑冷静、心平气和的沟通素养，冷静思考，理清头绪，正确分析出现的问题，设法建立一项客观的准则，即让双方都认为是公平的、易于实行的办事原则、程序或衡量事物的标准，充分考虑到双方的潜在利益，从而理智地克服希望通过坚持自己的立场来"赢"得利益的做法。如图 5-5 所示，客户拒绝听取售后客服的解释，一味希望满足自身的利益，而售后客服没有因他的刁难而放弃自己的立场。

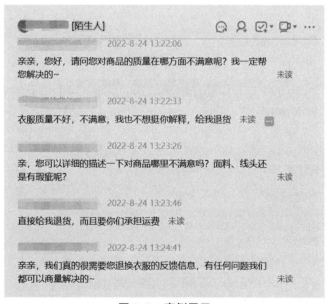

图 5-5　案例展示

（2）语言适度

语言适度是指售后客服要向客户传播一些必要的信息，不能过于拖沓，严格注意自己说话时的语气和态度，同时积极倾听。售后客服在与客户交谈时禁止多次重复催促，因为这样显得很没有耐心，不但不能促进沟通，对于解决问题也无济于事。

（3）避免争吵

首先，售后客服要意识到客户不悦的心情，甚至有客户会喋喋不休、恶语伤人，当售后客服有这样的意识之后，无论遇到多么无理的客户也不会惊讶了。其次，售后客服在回答客户的问题时一定要注意礼貌，回答尽量有针对性，不能过于急切地维护自己的利益，更不可不认账，要多站在客户的角度去考虑问题，不能因为对方傲慢无礼的态度而改变自己的本心，更不能"以彼之道，还施彼身"，要尽可能避免和客户争吵。切不可出现因规避责任而引起更大争吵和纠纷的情况。

（4）协调双方的利益

售后客服有一个很重要的作用，也是售后工作最核心的内容，那就是拿出最佳的方案，解决和客户之间的纠纷。那么，售后客服在解决和客户之间的纠纷时，一定不能片面地只考虑自己的利益，而应该以客户的利益为主，兼顾自己的利益，协调双方的利益，尽可能完善解决方案。

下面以某一店铺的退货退款为例进行讲解。按照这家店铺的规定，客户在收到商品后，若商品无质量问题，而客户需要退换货品，则需要由客户承担往返的邮寄费用。某客户在收到了这家店铺的裤子之后，发现裤子偏小，于是找到售后客服要求换大一码的裤子，当得知往返的邮费都需要自己支付时，客户十分生气，认为这是售前客服没有告诉自己准确的尺码造成的，而退换货还增加了自己的麻烦。下面是两位不同的售后客服处理这件事的方法，如图5-6和图5-7所示。售后客服提出的解决方案是否能让客户接受，很大程度上要看售后客服是否站在客户的角度去思考、协调双方的利益。

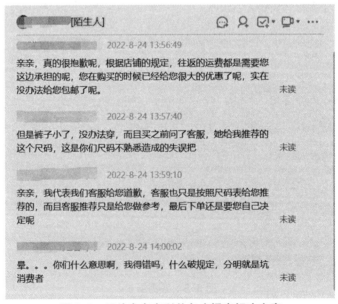

图5-6 只站在自身利益角度提出解决方案

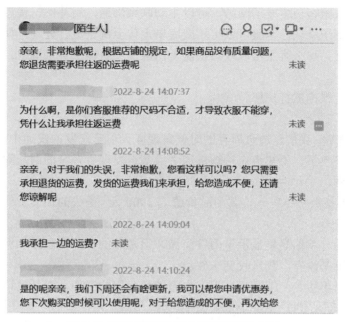

图 5-7　站在客户利益角度提出解决方案

技能点二　常见售后问题

售后服务相当于整个交易流程中的最后一环，也是最关键的一环，售后不仅可以影响到客户的满意度、复购率，还对店铺的评分有不小的影响。

1. 发错货的售后处理

发错货物一般包括错发、漏发、多发等多种情况，具体表现及解决方法如表 5-2 所示。发错货物的情况通常发生在各类促销活动期间，这种情况属于店铺物流仓储部门的过失。

表 5-2　错发货解决办法

售后问题	表现	解决方法
错发	（1）发错商品 （2）同款商品发错颜色 （3）同款商品发错尺寸	（1）为买家更换商品，商家负责运费 （2）退货退款
漏发	（1）商品数量不够 （2）套装缺失单品	补发漏发的商品
多发	多发商品的情况很难查证，一是因为买家不会主动承认，二是因为买家可能认为是赠品或活动所得。如果遇到买家主动提出多收了商品，客服可根据商品价值和退货成本提出不同的解决方法： （1）商品价格低，可以直接赠送给买家，赢得一个忠实客户； （2）商品价格高，让买家寄回，同时给予对方优惠作为感谢。	

如果客服确认给客户多发了商品，可以主动联系沟通，用补偿、优惠等作为条件换回商品。如果客户不予承认，客服可以将相应底单上传至淘宝进行处理；如果客户承认多收的事实但不予退回，那么客服可以联系物流上门取件或直接上诉至淘宝。

案例展示：

客服：您好，很抱歉打扰您。

客户：怎么了？

客服：非常抱歉，我们这边查库存的时候发现4天前给您发的快递中多发了一件商品，物流显示您已经签收了。不知道您检查快递之后是否发现有多余的商品呢？

客户：没有啊。

客服：亲能再检查一下吗？这款商品价值为2900元，丢失的话发货的小妹妹就要自己承担这笔损失了。

客服：打印的订单信息里显示了两件商品，但是您的订单信息显示您只买了一件。

客户：没有就是没有，我只收到一件。

客服：麻烦亲再检查一下好吗？为客户服务是我们的工作，但是也请您理解一下我们的难处，辛苦工作一个月，工资全抵上去了。

客户：那也不是我的失误啊，发错了就当给自己一个教训咯，长长记性以后就不会再犯了。

客服：所以亲确实收到两件是吗？能麻烦亲退还给我们好吗？我们承担所有快递费用，同时再给您一定的感谢费，您看可以吗？

客服：您不配合的话，这边就只能申请小二介入了。

案例分析：多发商品是店铺工作人员的失误，这种情况店铺管理一般会要求追回商品，否则就要由所有失误人员一起承担损失。在本案例中，淘宝客服联系客户，询问签收的快递中是否存在订单之外多余的商品；客户先是否认，随后承认多收，但不予退还。如果客服和客户协商未达成，就可以申请淘宝小二介入，提供客户订单信息、发货底单、物流签收底单、聊天记录等多种证据，证明对方确实存在多收的事实，淘宝核实后会给出相应的处理结果。如果客服只是怀疑对方多收，并没有确凿的证据来证明，那么就应该保持良好的态度进行询问，请求对方检查订单并表示感谢，以免造成误会，影响后面的销售。

2. 质量问题的售后处理

商品质量问题一般包括破损、色差、与预期值不符等情况，具体表现及解决方法如表5-3所示。

表5-3　商品质量问题处理办法

售后问题	表现	解决方法
破损	商品损坏	（1）更换同款新商品 （2）退货退款
色差	（1）与网页显示的颜色不符 （2）与标注的颜色不符	（1）退货退款 （2）给予补偿
与预期值不符	出现下列词语： （1）和想像中的不一样 （2）没想到是这样的 （3）不是我想要的	退货退款

由于网络购物不能看到实体商品，宝贝详情页又做得十分具有观赏性，客户难免对商品产生过高的期望，这种期望很容易导致因商品质量而引起的售后问题，客服应该在对方不给出差评以及保障自身利益的前提下，尽量遵循客户的意愿，选择退货退款或者给予对方一定的补偿。

3. 物流损失的售后处理

物流损失的售后问题一般出现在物流方，这种情况下客服可以先安抚客户，查看物流跟踪详情，然后联系物流方查明具体情况。客服处理类似物流的售后问题一定要及时，以免引起差评、投诉等问题。

因物流引起的售后问题一般包括破包和丢失两种情况。其中，破包是指快递包装损毁严重，甚至造成商品损坏的情况；丢失则是指送错地址、快件遗失情况，如表 5-4 所示。

表 5-4　物流损失解决方法

售后问题	表现	解决方法
破包	包装损坏	给予补偿
	包装损坏，商品损坏	（1）退货/换货 （2）补发破损的商品
丢失	送错件，非本人签收	（1）物流追责 （2）补发商品
	快递丢失	

在上面两种物流问题中，破包问题客服可以自行处理，丢失问题则需要和物流公司沟通处理，核实快递签收情况，查明快件是否签收、由谁签收等问题。不同的签收情况及处理方案如表 5-5 所示。

表 5-5　签收解决办法

签收情况		解决方法
未签收		对买家：退款或补发商品
		对物流：查找快递，协商索赔
签收	非本人（授意）签收	对买家：退款或补发商品
		对物流：查找快递，协商索赔
	本人（授意）签收	对签收底单进行拍照留作凭据，与买家协商;若未达成一致，可申请淘宝小二介入，并上传签收底单凭据

客服处理物流损失的售后问题时，要注意不要因为与物流公司之间的协商未达成，就延迟与客户之间的问题处理，以免引起误会。在问题处理的优先级上，客户属于最高级别，必须优先处理。

案例展示：

客户：你好，之前在你们这边买的高跟鞋，怎么还没到啊？

客服：您好亲，不要着急，这边先帮您查一下。

客户：我查了，一直没有更新状态，这都已经 10 多天了，不会是丢了吧？

客服：您先别着急哈，我先联系一下物流，确认丢失的话先给您补发一件商品好吗？

客户：算了，我现在不想要了，本来是后天参加闺蜜婚礼要穿的，结果居然丢了……

客服：实在抱歉，快递丢包是比较少见的，但是也不排除这个可能。您稍等，这边先联系一下物流确认情况。

……

客服：亲爱的，非常抱歉哦！快递确实丢了。

客服：您看这样好吗？如果您还需要，这边马上给您补发一件，用顺丰快递，明天应该能到；如果亲确实不想要了，这边就帮您处理退货退款，您觉得怎么样？

客户：现在用顺丰寄件的话明天什么时候能到？

客服：您那边是省会城市，现在发货最迟明天下午能收到，联系快递员优先配送您的快递，您看成吗？

客户：哎，好吧，只能这样了。

客服：嗯嗯，太感谢您的理解了，也祝您闺蜜新婚快乐哈。

案例分析：物流包裹丢失时，客服首先要做的就是安抚客户的情绪，优先补偿客户，再与物流公司商议赔偿方案。在本案例中，客户表示"后天参加婚礼要穿"，这说明时间比较紧迫，即便补发商品也赶不及，并且"不想要了"，要退货。此时客服没有先提出"退货退款"这个解决办法，而是说明安排顺丰快递可以最大限度地缩短物流时间，确保客户第二天就能收到商品，最后再补一句"不接受再办理退货退款"。客户不接受补发商品就是出于时间的考虑，现在客服解决了时间问题，客户自然就接受了。

4. 合理处理运费争议

客户发生退换货物行为，就一定会涉及运费的问题，运费争议在淘宝购物中屡见不鲜。不管是淘宝卖家还是客户，都不会愿意承担运费责任，为了使交易双方能够在交易过程中清晰了解运费承担责任的问题，减少关于运费的纠纷，客服应当对运费的组成和承担有清晰、准确的认识。

（1）一般运费争议

《淘宝网规则》对运费争议做出了以下规定。

商品有瑕疵或有破损，直接影响使用的，由店铺承担来回运费，需要商品完好齐全，拍照证明即可。

非质量问题且未包邮的商品、非质量问题且包邮商品的退换货行为，客户只需要承担退货运费。

淘宝交易中的运费争议，根据"谁过错，谁承担"的原则来处理，但双方约定的除外。也就是说，除了双方对运费有约定的情况外，在淘宝交易的退货行为中，因为谁的原因引起退换货行为，那么运费责任就应该由谁来承担。

如果淘宝交易的买卖双方约定了运费，但具体约定不清，淘宝无法确定是谁的责任的，那么在发生退货行为时，发货的运费由店铺承担，退货的运费由客户承担。

如果商品是附条件包邮，客户部分退货导致无法满足包邮条件的，运费由客户承担；因货到付款交易产生的运费争议，淘宝不予处理，客服需要与客户进行协商或通过其他途径解决。

（2）特殊运费争议

特殊运费争议主要是指是否包邮的商品发生退/换货时的运费争议，以及是否属于七天无理由退换货的商品发生退/换货时的运费争议等。发生运费争议时，买卖双方可以协商决定由谁承担费用，协商未达成则可以申请淘宝小二介入。如果买卖双方对于运费的价格有争议，双方都有义务出具相应的运费价格证明，如带有运费价格的发货单等，以便淘宝小二核实。

下面针对商品是否属于七天无理由退换货物、是否包邮等情形下产生的运费争议进行说明，具体情况如表 5-6 所示。

表 5-6　七天无理由退换货说明

条件	是否包邮	情形		买家	卖家
七天无理由退/换货	包邮	买家无理由退货/无理由拒签		承担退回运费	
	附条件包邮	部分退货导致不满足包邮条件		承担退回运费	
	不包邮	买家无理由退货/无理由拒签		承担所有运费	
	—	买家无理由换货		承担换货产生的所有运费	
非七天无理由退/换货	—	买家拒收、卖家举证	举证有效	承担所有运费	
			举证无效		承担所有运费
		买家个人原因引起退货退款且卖家同意		承担所有费用	

技能点三　评价管理

完成交易之后，交易双方要在 15 日内对订单进行互评，可以在好评、中评和差评中进行选择。如果客户给出好评，店铺的信誉值就会增加 1 分；如果得到差评，则扣除 1 分。淘宝评分对店铺和宝贝的销量都有非常大的影响，任何一个淘宝卖家都不希望自己的商品得到中/差评。当然，对于客服来说，中/差评也和自己有关，一方面客服要联系客户处理中/差评问题；另一方面，中/差评对客服的绩效也有一定的影响。

本节主要介绍客服处理客户各类评价的方法，在为客服提供促进客户给出好评的方法的同时，主要针对处理中/差评问题，规避职业差评师。

1. 促进客户给好评

有过网上购物经历的人都知道，在淘宝购买并确认收到商品后，买卖双方都要对本次交易进行评价。在淘宝规则中，客户的好评可以为店铺增加信誉值，也可以为购买的商品增加评分。淘宝商品评价应该在确认收货后的 15 天内进行，如果客户不及时、主动地进行订单评价，对店铺的评分就有影响。淘宝的评分规则如图 5-8 所示。

4～5星好评	•计1分，店铺动态评分上升
3星中评	•不计分
1～2星差评	•扣1分，店铺动态评分下降
仅一方在15日内评价	•评价方计1分
双方均未在15日内评价	•双方均不计分

图 5-8　淘宝的评分规则

由此可见，客户的好评对店铺的信誉有非常积极的影响，而大部分在淘宝购买商品的客户，都是等系统自动默认付款及评价的。只有商品及服务超出或低于客户的预期时，这些客户才会主动对本次购物活动进行评价。图 5-9 所示为某店铺的评价数。

图 5-9　卖家累计信用

所以，店铺应该采取一些措施，如赠送客户一些小礼品、好评返现或晒图有奖等，积极引导客户进行商品好评，如图 5-10 所示。

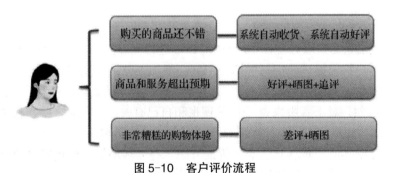

图 5-10　客户评价流程

（1）提供小礼品

宝贝评价中，很多客户会提到店家居然赠送了礼品，说明如果给予客户一定数量的赠品，客户的满意度就会大大增加。当然，这种赠送行为并不是没有规律可循的，如何选择成本低、回报高的赠品也是一门学问。

（2）没有预期而得到的赠品

店铺赠送礼品一般有两种方式，一种是直接在宝贝描述中说明；另一种是没有提及赠送，而直接将附赠的礼品放在快递之中。前一种可以刺激客户购买商品，后一种可以提高客户收到商品后的满意度。如果客户在没有预期的情况下，收获了超值且非常实用的礼品，惊喜之余也会认为商品的附加值很高，给出好评是自然而然的事。

选择赠品时，为了避免出错，可以考虑选择万能型赠品作为礼物，如笔记本、镜子、钥匙扣和卡贴等。

如果选择第二种赠送方式，就要注意一个问题：一定要每个订单都赠送礼品。否则，当有的客户浏览别人的评价时，发现对方收到了赠品而自己没有，可能就会造成心理失衡，其购物体验反而会变差。

（3）实用和新颖的赠品

随着越来越多小礼物的出现，客户对这些小商品逐渐产生了免疫力，特别是收到的赠品又千篇一律时，他们的满意度还不如没有赠品高。所以商家在挑选赠品时，一要保证赠品的质量不能太差，二要挑选非常实用或非常新颖的赠品。

赠品是否实用、新颖，应该从具体的客户或商品着手。如果客户是女性，商家可以选择发绳、耳钉等作为赠品；若客户是男性，商家可以选择从客户购买的商品着手，如对方购买的是服饰，可以赠送用于测量的皮尺或短袜；如对方购买的是电子商品，可以赠送贴膜、保护壳或支架等。总之，尽量让赠品也能满足客户的需求，那么赠送的礼物就不会出现太大的错误。

（4）数量众多的赠品

从心理学来说，数量多的赠品比体积大的赠品更让客户满意。上面提到的赠品中的大多数价值都在 1 元以下，有的甚至低于 0.5 元，所以在保证成本的前提下，店铺可以尽可能地多赠送几种类型的礼品送给客户。例如，若客户购买了卷发棒，店铺可以赠送客户头绳、发夹、小梳子、小镜子等；若客户购买了面膜，店铺可以赠送客户束发带、化妆棉或各类护肤品的试用小样等。要让客户在满意商品质量和客服服务的同时，还能满足于赠品的质量和数量。

2. 好评返现和晒图有奖

好评返现和晒图有奖都是促进客户进行好评的方法，本质上也是提高商品销量的有效手段。就是说，如果客户确认收货后给予五星好评，就会返还一定金额的现金到客户的支付宝账户中。

（1）了解"好评返现"

淘宝创业人员越来越多，竞争压力也越来越大，很多店铺都想方设法地增加自己的信誉度，因为只有店铺的动态评分高，商品的评分高、评价好，客户才会信任商家，才会放心地在店铺购买商品。

1）好评返现的好处

在商品评价中可以发现，相对于默认的评价，有文字的评价有更高的参考性；而配有图片的评价又比纯文字的评价更有参考性。客户在浏览商品评价时，甚至会直接筛选"有图"的评价，通过其他客户拍摄的图片来判断商品的真实大小、形态、颜色和效果；或直接筛选"差评"，查看其他客户对商品提出不满意见的点在哪里，以此作为是否购买的参考。

所以，好评返现和晒图有奖一方面有助于促进销售、提高好评率、有效减少差评，另一方面又增加了真实商品的参考价值，如图 5-11 所示。

图 5-11　好评晒图

2）好评返现的方式

简单来说，好评返现和晒图有奖就是用来提高商品的好评率的，是为了吸引更多客户的营销手段。但这两种模式只适合客户认为商品"还不错"时的情况。卖家购买了商品，收货后发现商品的质量没有问题，而且感觉客服的服务也恰到好处，这个时候，如果客户发现店铺有"好评+晒图有奖"的活动，那么客户评价晒图的概率就会大很多，会非常配合地进行相关操作。如果店铺连商品的质量和客服服务都无法保证，那么客户也不会为了这点儿蝇头小利而做出与事实差距甚远的虚假评论。

客户进行好评之后，将好评的截图和自己的支付宝账户发给客服，客服确认收到好评后就可以联系财务兑现返现金额。除此之外，现在还有一种比较流行的返现方式：店铺让客户扫描店铺提供的二维码，添加微信好友，用微信发放返现红包。这种方式的好处在于：店铺添加了微信好友，等于积累了潜在客户，店铺上新或者有促销活动时，可以在微信朋友圈中发布相关消息，只要微信好友刷新了朋友圈，就可以直接看到活动内容。虽然这种返现方式也是一种宣传手段，但微信对于很多人来说是一个私人领域，客户对微信返现的接受度没有支付宝直接转账返现高。

（2）选择合适的机会告知客户"好评返现"

1）店铺公告

可以直接在宝贝描述中贴出活动海报，或在客户咨询商品时由客服主动告知有好评返现的活动，鼓励客户下单。要注意的是，千牛聊天中和店铺页面中都不可以出现好评返现等诱导好评相关的字眼，可以以别的表达形式向消费者透露活动信息，例如："点亮 15 颗星星可以提供奖品"等方式。

2）好评海报

店铺在寄出商品快递的时候，同时在里面放一张活动海报，客户收到快递后就知道如果给出评价就可以联系客服得到奖励。

3）客户秀征集活动

鼓励客户晒图评价，优质客户秀可以获得相应的奖励。

4）修改中/差评

若客户直接给出了中/差评，客服与客户联系时可以告知对方有好评返现活动，咨询客户能否把中/差评修改为好评。

3. 回评邀请

客户对商品进行评价后，客服可以对该评价进行回复，还可以邀请客户追评订单，这些都是提高转化率的方法，这一方面体现了卖家对客户的重视，另一方面也对某些客户提出的问题进行了回复和解释。

（1）评价回复

为了提高店铺的竞争力，很多店铺都想了很多办法，回复客户评价就是一种不错的方法。但值得注意的是，回复客户的语言也是有技巧的。

1）对于好的评价及时感谢

● 感谢亲的光临，您的支持是我们前进的动力，小店会更加努力做得更好！

● 亲爱的客户，您的信任是小店的荣幸，希望能给您带来一份惊喜与快乐！

● 感谢您对我们的支持！祝您每天都拥有阳光般的好心情！

2）对于不好的评价及时回复和解释

● 关于发货延迟一事诚心致歉，虽然仓库加班打包，但活动期间订单太多，造成了延迟，希望能获得您的理解。感谢您的意见和建议，我们会积极改正，为您提供更好的服务。

● 关于您的问题，客服之前有询问过您需要的尺寸，但您并没有回答，而是直接下单购买了。现在商品尺寸不合适，我们也觉得很可惜，主动让您寄回更换，您也拒绝。创业不容易，希望亲能理解。

3）语言不要千篇一律

客服应该选择性地进行回复，特别是挑选那些用心评价商品的客户进行回复。另外，客服回复的语言文字最好不一样，如果对每条评论都不管内容如何而直接统一回复相同的话，容易造成客户的反感，客户会认为卖家不真诚。只有避免千篇一律，才能得到用户的肯定。

● 感谢您的评价和支持，小店会更加努力为您服务、让您满意！

● 非常抱歉，关于商品的问题和建议请及时与我们联系，我们会尽最大努力帮您解决！

● 客服已经多次联系您处理问题，可是您并没有回复，给您造成困扰非常抱歉。

（2）评价邀请

很多客户在淘宝购买商品，收到货后不会主动确认收货和做出评价，而是等时间到后系统自动默认收货和评价。有的店铺为了使评价显得更为丰富，以便给其他潜在客户提供多种参考意见，一般会邀请已经购买商品的客户对商品进行评价。

● 亲，您的宝贝已签收，劳驾您抽空对宝贝和服务做出评价哦，万分感谢！

● 亲爱的客户，现在邀请您对订单进行评价，店铺可送无门槛购物券，感谢您的支持！

当然，除了邀请评价，还可以邀请客户追加评价。追评可以在订单交易成功后的 180 天内进行，不涉及好、中、差评价和店铺的动态评分。由于追加的评论无法进行修改或删除，所以淘宝卖家可以利用追评机会增加商品评价的可信度。

不管是邀请评价还是邀请追评，都可以通过旺旺消息和短信提示两种方式进行。但客服应该知道，并不是所有的客户都非常热心，所以可以适当地提出优惠或补偿作为追评的交换条件，如赠送优惠券、赠送积分、返现等。

4. 处理中/差评问题

一般情况下，好评率越高的商品，购买的人越多，一旦出现了中/差评，就会使很多客户望而却步。因此，卖家应不断提高自身素质，对商品的质量、销售、发货和服务等进行完善。虽然无法保证让每一位客户都满意，但是可以尽量避免或减少中/差评出现的概率。

淘宝规定：若评价方做出的评价为中评或差评，在做出评价后的 30 天内有一次修改或删除评价的机会。若出现了中/差评，卖家应尽量在有效时间内采取措施进行处理，减少中/差评对网店的影响。

（1）引起中/差评的原因

如果网店中出现了中/差评，卖家应该理性对待，找出客户给予中/差评的原因并解决问题。客户给予中/差评的原因一般有以下几种。

● 买卖双方误会：误会是产生中/差评非常普遍的原因，其症结主要是买卖双方在购物时有言语上的误会，比如表达不准确、双方交谈不愉快等。

● 对商品的期望过高：有些客户收到货物后，觉得实物与想象中的差别太大，没有达到预期的效果，嫌麻烦而没有与卖家协商退换货，直接给予卖家中/差评。

● 对商品、服务不满意：客户对网店的商品、服务等不满意，如发现商品质量存在问题。

● 价格因素：价格是客户在整个购物过程中较为关注的内容。如果客户刚买的商品突然降价，而且降价的幅度较大，客户就会认为自己受到了欺骗，觉得客服不够诚信，甚至会因此而投诉。

● 快递因素：当售前客服将商品成功地销售给客户、客户拍单付款之后，商品便进入快递环节，具体表现为由售后部门确定订单、打包装箱、通知快递确认发货，再由快递公司进行运输。在这个环节中，快递公司的操作方式是网店不能控制的，所以一些由快递因素引起的差评往往难以避免。主要包括发货延迟、快递速度过慢和商品有破损。

● 恶意竞争：网店的竞争非常激烈，个别网店为了打击竞争对手，会故意对竞争对手卖得好的商品进行恶意中/差评。此类情况是有关部门和平台重点打击的情况。

（2）修改中/差评的方法

当网店不幸遇上了中/差评时，客服需要致电客户，请求客户修改评价。客户是否愿意修改中/差评，很大程度上取决于客服有没有让客户感觉到网店对他的重视。如果让客户感受到自己很被重视，那么引导客户修改评价的工作将更容易完成。

致电客户修改中/差评也要有一定的技巧，主要包括确认、道歉、解决、收尾 4 个环节。

1）确认环节

客服致电客户修改中/差评的必要步骤是要确认信息，避免打错电话。换句话说，客服需要对客户身份进行确认并进行自我介绍，以避免被客户认为是骚扰电话。

● 确认身份：当电话接通之后，客服需要等待客户先说话，确认客户的性别，然后就可以与客户开始对话了。例如，"您好，请问您是×××先生/小姐吗？"

● 自我介绍：一名基础客服和客服经理分别给客户致电，客户的感受是截然不同的，职位越高的客服联系客户，客户越会觉得自己受到重视。例如，"您好，我是×××网店的客服经理，我叫×××。"

● 确认商品：当双方都清楚了对方的身份后，客服便可以逐渐切入正题，向客户确认是否购买了自己网店的某一商品，简单明了地确认客户的购买信息。例如，"您好，我想了解一下，您是否在×月×日在我们××网店购买过××品牌××商品？"

● 确认评价：当客服得到了客户购买商品的肯定信息之后，就需要切入正题，直接说明来意，避免拖沓，让客户产生烦躁情绪。例如，"你好，我看到您给了我们一个×评，我想了解一下具体情况是怎样的。"

2）道歉环节

客户确认了来意，必然会讲明自己给出中/差评的原因。不管是什么原因，客服都要通过电话向客户道歉，声音中要透露出自己的诚挚，这也是电话沟通最重要的环节。

● 理解：客户在抱怨的时候，客服要对客户所烦恼的问题表示理解，话语中要透露出自己的感同身受，语速不要过快，语句要有轻重之分，并在对方说话时适度重复对方所抱怨的问题，让对方知晓自己不仅在认真倾听，还在认真地进行记录。例如，"我非常理解您的感受，如果是我碰到这样的情况，我也会很生气。"

● 歉意：给客户道歉是客服必须要做的，不管是谁的责任，客服在通话过程中都要尽量让自己的语气听起来友好。例如，"给您在购物过程中带来不便真的十分抱歉，我代表网店全体工作人员向您致以深切的歉意。"

3）解决环节

帮助客户分析原因，告知客户出现这样的情况主要是什么原因造成的。客服可以结合事先分析的客户具体的中/差评原因给予有针对性的解决办法，同时强调客户的评价对于网店的重要性。当然，这个环节依然少不了表达歉意。例如，"不管怎么说，我觉得都是我们这边没有做好，网上买东西本来就是图个开心，这次让您不开心，我真诚向您道歉！"

当客户同意修改中/差评后，客服需要指导客户的修改过程，一是让客户感受到自己一对一的贴心服务，二是让客户立即完成评价的修改，以防对方不小心忘记，具体可以分为以下两种情况。

● 方便：那我这边直接指导您怎么修改，很简单的，只要一分钟就好了。

● 不方便：那您几点方便？等一下我用简单的几句话把修改的流程发送给您，以免到时候您找起来麻烦。或者×点左右我再给您打电话，直接进行指导，这样修改更容易一些。

4）收尾环节

无论客户是否答应修改中/差评，客服都要表示感谢，并对麻烦客户帮忙修改中/差评一事表示歉意。例如，"真的感谢您对我们工作的支持，打扰您了！我们一定会做得更好。"

网店遇到中/差评，有时是不可避免的，客服除了引导客户发布好评，还可针对中/差评做出解释，特别是对恶意竞争和恶意差评师引起的中/差评，在向淘宝官方申诉的同时，可在评价下方解释，将其转变为宣传网店的机会。

淘宝规定在双方互评 48 小时之后，卖家可以对客户所做出的评价做出解释。在面对执意不更改差评的客户，尤其是恶意竞争时，客服可以通过对差评进行解释来证明自己的"清白"。当然这也是宣传网店的机会，在很大限度上可以让网店转危为安。客服的解释如图 5-12 所示。当然，这要求卖家不是在颠倒黑白或狡辩，因为客户具有分辨真伪的能力。如果客服态度不端正，反而会得不偿失。

图 5-12　把解释变为网店宣传机会

客服在解释差评的过程中，关注冲突原因，有针对性地做出解释；注意解释的字数和语气，字数越多，态度越诚恳，越能说明自己对客户所提及的问题是积极、耐心、有诚意去解决的；给出承诺很重要，要说明网店对商品质量的保证，表明服务的态度及原则、售后问题解决的决心等，让之后的客户放心购买。

5. 职业差评师

网上有一种专门以给网店差评为手段来索要网店钱财的人，这些人被称作职业差评师。为了牟取利益，人为地找一些因素，罗列一大堆不合理的问题，并对卖家给予中/差评。此类情况也是有关部门和平台重点打击的。

（1）职业差评师会选择的目标

店铺信誉不是很高，一般选择钻级卖家。因为这类卖家通常对评价比较重视，也容易花钱妥协。店铺和宝贝没有中/差评，或者中/差评很少的，与上面同理，卖家比较重视信用，容易妥协。

● 商品符合容易给差评的类目：比如价格不高、容易破损的。

● 地区选择：职业差评师一般会选择地方比较远，邮费比较高的地方进行购买。

● 商品的运输有局限性：差评师会备注，必须走某某快递，如果卖家没按照他的意思，就有理由给差评了。

（2）职业差评师的特点

● 差评师旺旺号的客户信誉不会很高（但也不会是白号）。

- 差评师一般不会和卖家斤斤计较价格方面的事情。
- 差评师一般收货之后不会和你卖家旺旺上联系。
- 差评师很会挑卖家商品的毛病。
  根据这些特点，卖家应该注意以下这些问题。
- 客户下单后，如果东西不是很贵重，则应主动联系客户确认。
- 发货前更仔细地检查，进行拍照，和客户联系，让客户收货的时候当着快递人员的面验货。
- 如果客户要求必须走某个快递，并且不关心运费是多少，一定要注意了。

（3）已经遇到差评师如何处理

首先，走情感路线。协商，说自己不挣钱，没利润，博取同情心，给予一定让利，让其修改评论。注意，在此过程中，一定要伺机寻找有利证据，能证明他是差评师，上诉到淘宝，小二也会站在卖家这一边的。

其次，可以选择引导到旺旺上进行沟通，方便后续进行举报。因为淘宝对于电话录音、短信、微信聊天记录、QQ 聊天记录这些证据都是不予承认的，所以引导到旺旺上，不管对方回复不回复，都可以作为证据提交。

除此之外，其实如果卖家语言逻辑清晰，对差评师的评价给予回评，让其他客户相信这就是个故意勒索的差评，也是可以消除差评影响的。这个回评不是给差评师看的，而是给其他客户看的。

卖家应该多从自身加以改进，杜绝差评师下手的机会；遇到差评师来袭，也不要害怕，运用正确的策略，与之斗智斗勇。

技能点四　客户纠纷处理

纠纷是指买卖双方就具体的某事/物产生了误会，或者一方刻意隐瞒事实导致双方协商无果的情形。客服一旦与客户发生纠纷，就比较难与客户沟通了，处理起来也比较麻烦。此时，客服不仅需要熟悉淘宝售后的规则，还要与客户"斗智斗勇"，尽自己最大的努力化解网店的危机。

1. 处理纠纷的流程

处理客户纠纷是技巧性比较强的工作，需要长时间的经验积累，尤其是对交易纠纷的处理，将最大限度地锻炼售后客服的心理承受能力和应变能力。售后客服在处理与客户之间的纠纷时，应坚持有理、有节、有情的原则，然后按图 5-13 所示的流程来处理。

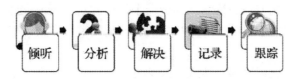

图 5-13　处理纠纷的流程

（1）倾听

当客户收到自己期盼已久的商品，却发现商品和心理预期相差甚远时，客户难免会觉得不舒服，自然会找客服抱怨。这时客服要充分理解客户的心情，耐心倾听客户的抱怨，给予客户发泄的机会。

当客户发泄时，客服人员不要急着去辩解，此时最好的应对方式是闭口不言、保持倾听的态度，即站在客户的立场让客户把话讲完，肯定并认同客户的感受。当然，不要让客户觉得在敷衍，要保持情感上的交流，认真听取客户的话，把客户遇到的问题判断清楚。耐心倾听了客户的抱怨之后，无论纠纷的原因是什么，客服首先应该道歉，让客户知道已经了解了情况。

（2）分析

售后客服认真倾听客户的抱怨之后，需要对客户所抱怨的内容进行分析、归纳，然后找出客户抱怨的原因。

客户抱怨的原因是多种多样的，有的抱怨只针对一两个方面，有的则涉及多个方面，一般客户抱怨最多的原因主要有 4 个方面，如图 5-14 所示。客服要弄清楚客户抱怨的中心点是什么、急需解决客户的问题是什么。客服还要理解客户在不满意的情绪驱使下，对客服、网店都会产生很强的抵触情绪，认为自己是"受害者"，从而指出网店和商品的种种不足之处。

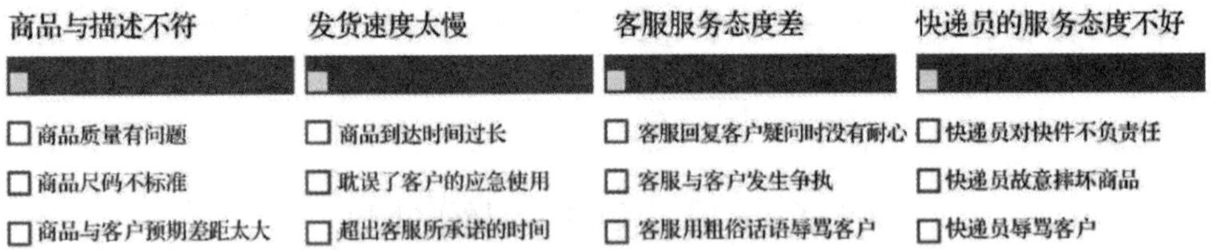

商品与描述不符	发货速度太慢	客服服务态度差	快递员的服务态度不好
□ 商品质量有问题	□ 商品到达时间过长	□ 客服回复客户疑问时没有耐心	□ 快递员对快件不负责任
□ 商品尺码不标准	□ 耽误了客户的应急使用	□ 客服与客户发生争执	□ 快递员故意损坏商品
□ 商品与客户预期差距太大	□ 超出客服所承诺的时间	□ 客服用粗俗话语辱骂客户	□ 快递员辱骂客户

图 5-14　客户抱怨最多的原因

例如，有位客户这样抱怨自己的购物经历："你们这是什么打印机啊，用了两次就坏了，根本没有办法继续打印！之前的客服态度也差，对人爱答不理，快递也慢死了。"这位客户不好的体验主要集中在对商品的质量不满、对客服服务态度不满、对快递运输速度不满等几方面，那么客服首先要解决客户的哪个问题呢？客户的抱怨是从打印机无法使用开始的，这一触点引发了对整个购物过程的不满，所以应优先保证商品的正常使用，对于客户的其他抱怨与不满则可以在之后的工作中进行弥补。

（3）解决

客服了解了客户抱怨的真实原因后，就要竭尽全力为客户解决问题，这也是处理纠纷的关键步骤。首先要安抚客户的情绪，创造一个和谐的对话环境；然后对客户所提出的问题进行相应的解释，请求客户的理解；最后向客户提出解决方案，努力与客户达成共识。

（4）记录

售后客服在与客户就纠纷事宜达成一致意见后，要对客户产生抱怨的原因、责任的认定、纠纷解决方案等进行如实记录。这些情况的记录不仅可以为客服积累一些处理纠纷案例的经验，还可以帮助网店各个部门进行自省（检查自己的工作是否到位，还有哪些不足等），使网店做得更好。

（5）跟踪

一名优秀的客服，除了能顺利解决纠纷并提出客户所认可的解决方案，还需要对纠纷处理进行跟踪调查。

告知客户纠纷处理的进度：可将客服为客户采取什么样的补救措施及时告知客户，使其了解客服所付出的努力。当客户认为所提出的解决方案得到了落实，卖家也十分重视时，客户才会放心。

了解客户对纠纷处理的满意度：在解决了与客户的交易纠纷之后，还应该进一步询问客户对此次解决方案是否满意、客户对执行方案的速度是否满意。通过这些弥补性的行为，让客户感受到网店的诚意和责任心，用自己的实际行动感动客户，让客户忘却此次不愉快的购物之旅。

2. 严重退款纠纷

严重退款纠纷，是指客户在申请退款之后发现卖家不同意退款，遂要求淘宝介入的情况，如图 5-15 所示。当淘宝介入之后，无论怎样判决，都会产生退款纠纷。严重的退款纠纷将涉及网店的纠纷退款率和相关的淘宝处罚问题。

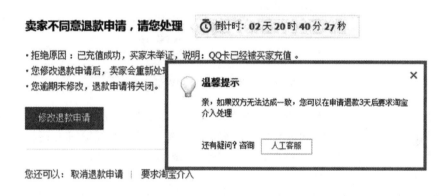

图 5-15   申请淘宝介入入口

严重退款纠纷会影响网店的纠纷退款率，从而导致网店出现全部商品单一维度搜索默认不展示、直通车暂停 14 天、消费者保证金翻倍等情况。淘宝集市所发布的营销活动招商，规定"近 30 天内纠纷退款率不超过网店所在主营类目纠纷退款率均值的 5 倍或纠纷退款笔数＜3 笔"。根据淘宝的硬性规定，卖家自淘宝检查起前一个月内纠纷退款率需要达到淘宝规定的数据，否则将被采取暂停淘宝直通车软件服务 14 天的处理。

淘宝介入核实商品是否存在问题时，将对描述与事实不符的一方进行处罚。若核实卖家未履行承诺，将给予卖家违背承诺的处罚。若未履行 7 天退货服务，则给予网店违背承诺扣 4 分的处罚。

3. 未收到货物纠纷

快递的运输时间受到多方面因素的影响，而且卖家无法控制，由此产生的物流纠纷也有很多。遇到客户提出的未收到货的纠纷时，需要通过物流跟踪信息判断货物风险到底是属于客户还是卖家。淘宝争议处理规范明确说明：收货人有收货的义务；卖家发货或客户退货后，收件人应亲自签收商品；收件人委托他人签收商品或承运人已按收件人的指示将商品置于指定地点的，视为收件人本人签收。

　　具体来说，货物在到达签收地签收之前，货物风险由卖家承担，由卖家负责向承运的快递公司索赔；而货物一旦被签收，货物风险将转移至收件人。

　　（1）客户未签收

　　虽然物流跟踪信息上显示客户已签收，但是客户说并未签收过商品，此时就需要提供签收底单进行判断了。图 5-16 为客服与未收到货的客户的对话场景图示例。

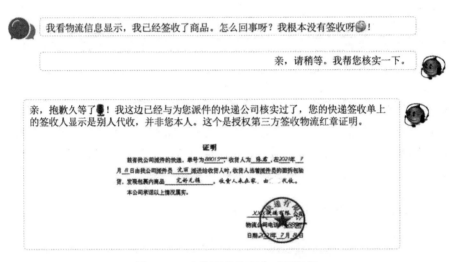

图 5-16　未收到货的客户对话场景

　　从对话中可以看出，该货物非客户本人签收，而是由客户授权的第三方签收（快递员在派送商品时，通常会第一时间联系客户，客户无法签收时会委托第三方签收），并且卖家提供了授权第三方签收物流红章证明，所以货物风险要由客户承担。

　　（2）客户签收后发现少货

　　有的客户在签收前没有打开包装查看货物，回家拆开包裹后才发现货物少件。遇到这样的情况，售后客服应该第一时间和派件的快递公司取得联系，首先确认签收人与客户订单上的收货人是否一致，然后要求当地快递公司提供客户本人的签收底单。

　　图 5-17 为客服与收到少件包裹的客户的对话场景图示例。

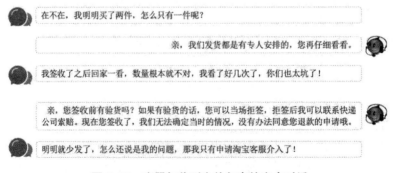

图 5-17　客服与收到少件包裹的客户对话

从对话中可知，该货物由客户本人签收。通常在签收之前都要对商品进行验货，而客户并未验货。一旦发现货物少件，卖家提供客户本人签收的底单后，货物风险就要由客户承担，即使客户申请淘宝客服介入也是没用的。

4. 货不对版纠纷

货不对版纠纷主要分为商品与描述不符、销售假货、赠品纠纷 3 种情况，下面通过案例分析各种纠纷的处理方法。

（1）商品与描述不符

关于描述不符，淘宝网有着明确的规定："描述不符是指客户收到的商品或经淘宝官方抽检的商品与达成交易时卖家对商品的描述不相符，卖家未对商品瑕疵、保质期、附带品等必须说明的信息进行披露，妨害客户权益的行为。"商品与描述不符具体包括以下几种情形。

● 卖家对商品材质、成分等信息的描述与客户收到的商品严重不相符，或导致客户无法正常使用的。

● 卖家未对商品瑕疵等信息进行披露或对商品的描述与客户收到的商品不相符，影响客户正常使用的。

● 卖家未对商品瑕疵等信息进行披露或对商品的描述与客户收到的商品不相符，但未对客户正常使用造成实质性影响的。

经核实，商品存在质量问题或与网上描述不符的，进行退货、退款处理。下面给出一个客服与因商品与描述不符而申请退款的客户的对话场景，如图 5-18 所示。

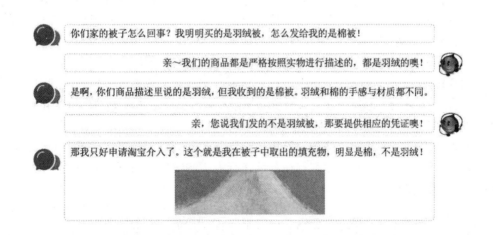

图 5-18　客服与因商品与描述不符而申请退款的客户的对话

从上述的对话中可知，客户直接申请了淘宝介入。电商平台介入后将根据商品的进货凭证（商品合格证、商业发票、执行标准等）与客户反馈材质不符的凭证判断责任方。若证实商品确实存在棉被充当羽绒被的情况，则根据淘宝规则支持客户退货、退款，由卖家承担来回运费，并且给予卖家扣 12 分的处理。

如果卖家所售商品为闲置商品，并且客户收到的商品与卖家在发布信息时的描述不符，或者卖家没有如实披露商品的瑕疵异常或历史维修情况，应做退货、退款处理，运费由卖家承担。

（2）销售假货

电商平台严令禁止出售假冒商品，一旦客户提起申诉，卖家不但要全额退款，而且将面临平台处罚。因此，卖家千万不要冒险销售假货。

（3）赠品纠纷

部分卖家可能会很困惑，因为有些客户还会因为赠品问题而与自己发生纠纷。实际上，从这些客户的角度来看，虽然赠品是免费的，但是"羊毛出在羊身上"，付款金额里面应该有一部分是赠品费用，因而客户对赠品可能会有所期待和要求。所以，卖家遇到赠品纠纷也就不难解释了。

卖家可以从以下几个方面入手尽力避免赠品纠纷。

● 卖家挑选赠品时要慎重，质量太差易使客户出现不满情绪，甚至可能引起纠纷。

● 保证赠品库存数量，严格按照订单约定进行发货；若无法按照约定发放赠品，发货前应与客户沟通，征求客户意见。

● 卖家应在商品详情页里提示客户，赠品属额外礼物，请不要因赠品引起纠纷；若介意，提示客户勿拍等。这个提示可以在一定程度上降低客户因赠品而引起纠纷的概率。

● 因为赠品而引起纠纷时，卖家需提供发货前与客户协商的沟通记录，提供详情页有关赠品的说明等信息，第一时间安抚客户情绪，同时引导客户取消关于纠纷的申诉。

5. 严重投诉与维权

严重投诉与维权，是指商品存在的争议较大，而买卖双方的争议点依然集中在发货、换货、退款、补差价等问题上。针对这些问题，双方各执一词，再加上售后客服与客户的交流不顺畅，导致客户出现诸多不满，从而申请淘宝介入。一旦客户投诉、维权成功，网店将会面临严重的处罚。

网店处罚的标准会因客户提出的投诉原因而不同，具体内容如下。

恶意骚扰维权：恶意骚扰是指卖家在交易中或交易后采取恶劣手段骚扰客户，妨害客户购买权益的行为。对此客户可发起恶意骚扰维权，维权一经成立，网店每次扣 12 分；情节严重的，视为严重违规行为，网店每次扣 48 分。

违背承诺维权：违背承诺是指卖家未按约定或淘宝规定向客户提供承诺的服务，妨害客户权益的行为。若客户投诉卖家有违背承诺行为，淘宝核实成立，将对网店按每次扣 4 分、6 分不等的标准进行处罚。

延迟发货维权：延迟发货是指除定制、预售及适用特定运送方式的商品外，卖家在客户付款后明确表示缺货或实际未在 48 小时内发货的行为。卖家的发货时间以承运人官网系统内有记录的时间为准。如果出现延迟发货的情况，须向客户支付该商品实际成交金额的 10%作为违约金，赔付金额最高不超过 100 元，最低不少于 5 元，特殊商品除外。情节严重的，将对网店采取扣分、下架商品、删除商品等处罚。

售后客服在处理严重投诉与维权问题时，一定要注意对时间的把握，所有的投诉应争取在 3 个工作日内让客户撤销维权，严格执行半小时跟进制度。此外，售后客服还应了解淘宝受理争议的范围，以免网店遭受处罚，最大限度地减少网店的损失，如表 5-7 所示。

表 5-7　淘宝处理争议范围参考表

争议类型	产生争议的原因	后续跟进
售中争议	未收到商品	在付款后、确认收货前或在淘宝系统提示的超时打款的时限内，提出退款申请
	商品与描述不符	
	商品存在质量问题	
售后争议	假冒商品	在交易成功后的 90 天内提出退款申请
	描述不符	在交易成功后的 15 天内提出退款申请
	享受"三包规定"保障的商品产生的保障范围内的争议	在交易成功后的 90 天内提出售后申请
	虚拟物品未收到货	在交易成功后的 15 天内提出退款申请；虚拟物品的使用期限短于该期限的，客户应该在虚拟物品的使用期限内提出申请

课程思政：注重服务规范，培养职业精神

海尔砸冰箱事件已成为中国企业注重质量、提高售后服务的一个最典型的事件，并因此成为无数大大小小媒体、书刊、高等院校的经典案例。30 年后，当海尔今天创造逾千亿人民币的年收入、打造成了国际品牌、入列世界 500 强企业时，对当年砸冰箱之勇，张瑞敏感慨说："现在你想砸也不可能了，如果再出质量问题，不是这么少一点儿，当时只有几十台，现在动辄就是几十万台。"我们在学习课程过程中，也一定还要重视店铺的售后服务，提高服务质量，以金牌服务的标准要求自己。秉承以客户为中心的服务宗旨，注重服务规范，提高职业精神，本着解决问题的态度，让每个客户都感受到亲人般的温暖。

技能点五　实训案例：某品牌旗舰店售后客服实训

售后订单处理流程是客服工作的重要组成部分，也是客服工作的重点和难点，售后客服相对压力比较大，只有正确和规范处理售后问题，才能减少店铺的损失，也能减轻客服的工作强度。

1. 客服售后处理技巧

售后问题大致区分为三个部分：修改属性、取消订单、补偿。

（1）修改属性

1）审核订单，未发货状态，可直接核实仓库是否有出库，如未出库可以直接修改属性正常发出。

2）审核订单，已发货状态，需要核实物流公司是否能追回快递，如能成功追回，返回仓库后可以直接换出客户所需修改后的正确属性。如未能成功追回，需要客户拒收，货品原路退回到库房再换出正确所需货品，或协商客户先接受货物，按换货流程，寄回给商家处理换出。

（2）取消订单

1）审核订单，未发货状态，可直接核实仓库是否已出库，如未出库可以直接退款给商家。

2）审核订单，已发货状态，需要核实物流公司是否追回快递，如能成功追回，返回仓库后可以直接退款。如未能成功追回，需要客户拒收，货品原路退回到仓库再退款，或协商客户先接收货物，按退货流程，寄回给商家处理退款。

（3）补偿

与客户协商是否货品影响正常使用，如质量问题已影响正常使用，可协商寄回退换，如未影响正常使用，可跟客户协商补偿措施。

1）金额：可跟客户协商金额补偿（不超过商品售价），可以通过线上申请"仅退款"，填入协商好的金额进行退款处理，也可通过"支付宝"等其他方式退回。

2）赠品：可跟客户协商补偿赠品，客户正常接收商品。

3）团购折扣：可以给予客户团购的折扣。

2. 售后注意事项

（1）站在客户角度，态度诚恳热情，给客户有主动跟进的印象，忌急躁冷漠。

（2）售后退件，要注意外包裹是否有明显损坏痕迹，在快递员在场的情况下验收，如有异常及时拍照且让快递方开具相关证明，以避免产生不必要的后续售后。

（3）与客户协商的事件需要登记清楚且后续跟踪，避免出现遗漏等情况加大客户不满意度。

（4）退款建议都以线上付款方式原封退回，避免后续产生其他纠纷无法举证。

3. 客服实训流程量化

在进行售后客服实训时，会涉及多个环节，这里以表格的形式进行总结、对每个步骤进行落实到位，才可以保障实训顺利进行。流程规范化是客服工作稳定的重要保障，也能从多方面锻炼客服人员的职业素质和能力。表格内容主要包括签到、人员统计、日常值日、最后成绩等，如表5-8、表5-9、表5-10、表5-11所示。

表5-8　实训签到表

姓名	性别	1日	2日	3日	4日	5日	6日	7日	8日	9日	10日	11日	12日

表 5-9 实训人员统计表

序号	班级	姓名	性别	手机号	身份证号
1	2021 级电子商务 04 班				
2	2021 级电子商务 04 班				
3	2021 级电子商务 04 班				
4	2021 级电子商务 04 班				
5	2021 级电子商务 04 班				
6	2021 级电子商务 04 班				
7	2021 级电子商务 04 班				
8	2021 级电子商务 04 班				
9	2021 级电子商务 04 班				
10	2021 级电子商务 04 班				
11	2021 级电子商务 04 班				
12	2021 级电子商务 04 班				
13	2021 级电子商务 04 班				
14	2021 级电子商务 04 班				
15	2021 级电子商务 04 班				
16	2021 级电子商务 04 班				
17	2021 级电子商务 04 班				
18	2021 级电子商务 04 班				
19	2021 级电子商务 04 班				
20	2021 级电子商务 04 班				
21	2021 级电子商务 04 班				
22	2021 级电子商务 04 班				
23	2021 级电子商务 04 班				
24	2021 级电子商务 04 班				
25	2021 级电子商务 04 班				
26	2021 级电子商务 04 班				

表 5-10 实训值日表

日期	寝室	负责人	团支书验收签字
2 月 26 日	314+315		
2 月 27 日	613+614		
2 月 28 日	316+317		
3 月 1 日	615+616		
3 月 2 日	318+617		
3 月 3 日	314+315		

每天早、中、晚三个节点把卫生打扫好，寝室长作为负责人并进行合理安排。每天早上团支书×××同学对上一天的卫生情况进行验收签字并督导。

表 5-11　实训人员成绩表

| 名字 | 账号 | 培训分值（25） | | | 响应时间（30） | | | 转化率（30） | | | 满意度得分（15） | | | 总得分 |
		目标值	达成值	得分	目标值	达成值	得分	目标值	达成值	得分	目标值	达成值	得分	
×××	31	60	92	18	60	73	25	39%	39%	30	80%	68%	13	86
×××	32	60	87	17	60	71	25	39%	40%	30	80%	86%	15	87
×××	33	60	82	16	60	108	17	39%	39%	30	80%	82%	15	78
×××	36	60	72	14	60	63	28	39%	41%	30	80%	81%	15	87
×××	37	60	72	14	60	76	24	39%	40%	30	80%	81%	15	83
×××	38	60	52	10	60	134	13	39%	36%	28	80%	81%	15	66
×××	39	60	77	15	60	83	22	39%	43%	30	80%	87%	15	82
×××	40	60	62	12	60	72	25	39%	43%	30	80%	81%	15	82
×××	41	60	84	17	60	90	20	39%	38%	29	80%	88%	15	81
×××	42	60	64	13	60	93	19	39%	39%	30	80%	84%	15	77
×××	43	60	99	25	60	95	19	39%	39%	30	80%	79%	15	84
×××	44	60	64	13	60	56	30	39%	42%	30	80%	80%	15	88
×××	45	60	99	25	60	56	30	39%	40%	30	80%	77%	15	100
×××	46	60	35	7	60	109	17	39%	39%	30	80%	77%	15	69
×××	47	60	35	7	60	166	11	39%	35%	27	80%	83%	15	60
×××	48	60	30	6	60	111	16	39%	41%	30	80%	92%	15	67
×××	49	60	20	4	60	183	10	39%	38%	29	80%	50%	9	52
×××	50	60	30	6	60	166	11	39%	39%	30	80%	69%	13	60

项目小结

本项目对售后服务技能进行介绍，包括售后客服的基本思路、常见售后问题、评价管理、客户纠纷处理 4 方面的内容。

英语角

complaint	投诉
consumer advocacy	消费者权益
dispute	纠纷
discrepancy in description	描述不符
refund	退款
listen for	倾听
invitation	邀请

explain　　　　　　　　　　　　解释
evaluate　　　　　　　　　　　 评价

1. 选择题

（1）作为一名专业的售后客服，必须有应对负面情绪的技能，同时要掌握售后客服的基本思路，工作起来才会得心应手，（　　）不属于售后客服工作的基本思路。

A. 首先道歉，了解客户的订单详情再回答

B. 衡量售后问题的轻重缓急，衡量是否妥协，不妥协后果是否严重

C. 缓和气氛

D. 坚持自己的原则，决不让步

（2）以下（　　）不属于常见的售后问题。

A. 商品质量问题　　　　　　　　B. 物流问题

C. 个人原因　　　　　　　　　　D. 仓库发错货

（3）以下引导客户评价的方式中，（　　）是错误的。

A. 好评返现　　　　　　　　　　B. 赠送小礼品

C. 没有预期而得到的赠品　　　　D. 数量众多的赠品

（4）致电客户修改中/差评也要有一定的技巧，主要包括确认、（　　）、解决、收尾 4 个环节。

A. 威胁　　　　　　　　　　　　B. 强制

C. 诱惑　　　　　　　　　　　　D. 道歉

（5）淘宝规定：若评价方做出的评价为中评或差评，在做出评价后的（　　）天内有一次修改或删除评价的机会。若出现了中/差评，卖家应尽量在有效时间内采取措施进行处理，减少中/差评对网店的影响。

A. 20　　　　　　　　　　　　　B. 30

C. 15　　　　　　　　　　　　　D. 7

2. 填空题

（1）面对怒气冲冲的客户，售后客服切忌硬碰硬，要力图使得双方的对话氛围有利于双方沟通，有利于解决问题。应从以下 4 个方面缓和沟通氛围：（　　）、（　　）、（　　）、（　　）。

（2）售后服务是整个交易流程中的最后一环，也是最关键的一环，售后不仅可以影响到客户的满意度、复购率，对（　　）也会有不小的影响。

（3）（　　）对店铺的信誉有非常积极的影响，而大部分在淘宝购买商品的客户，都是等系统自动默认付款及评价的。只有商品及服务超出或低于客户的预期时，这些客户才会主动对本次购物活动进行评价。

（4）售后客服在处理与客户之间的纠纷时，应坚持有理、有节、有情的原则，然后按（　　）、（　　）、（　　）、（　　）、（　　）的流程来处理。

（5）处理客户纠纷是技巧性比较强的工作，需要长时间的经验积累，尤其是对交易纠纷的处理，将最大限度地锻炼售后客服的（　　　）和（　　　）。

3. 简答题

（1）简述售后客服对于店铺的重要性。

（2）若客户联系客服，说衣服没有收到，但物流跟踪记录显示已经签收，请分析应该如何处理这样的问题。

项目 6 网店智能客服

通过对阿里店小蜜智能客服的配置，重点了解客服接待流程、阿里店小蜜工作台界面、智能客服配置分类和配置过程。熟悉如何对知识库问答进行编辑、添加、优化等操作，并且对客服接待过程的重点环节、重复性问答等和店小蜜进行很好的融合，提高网店客服的工作效率和质量。学生通过完成该模块的学习能够有效提升店小蜜配置水平，提高使用智能客服接待效率。

- 了解店小蜜工作后台的功能模块；
- 熟悉店小蜜基本配置规则；
- 掌握店小蜜配置流程和技巧；
- 具备有效配置店小蜜为店铺服务的能力。

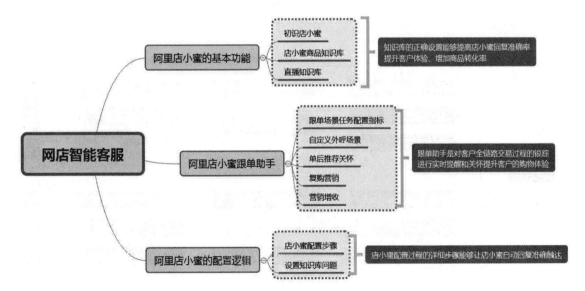

智能客服，店铺发展的助力

几年前小杰开了一家淘宝店，那时订单不多，自己可以打理。随着网上购物群体人数越来越多，自己的商品被广大消费者喜爱，前来咨询的客户变得多了起来。小杰需要负责客服、发货、推广等事情，一时间忙得焦头烂额。小杰不得不停下来思考，应该如何解决这个难题。小杰于是咨询了淘宝客服，客服建议他设置店小蜜自动接待，可以应付一半以上的客服咨询。于是他按照店小蜜设置页面提示，完成了基本的回复设置，很多咨询频率高、重复、常用的问题都可以通过店小蜜完成，效果非常好，省下大部分时间和精力。小杰报名参加今年的双十一大促，不用再为客服咨询发愁，有信心可以应对大批量客户咨询和订单的处理。

【任务描述】

智能客服是在大数据及知识处理基础上发展起来面向电商行业应用的技术手段，它是大规模知识处理技术、自然语言理解技术、知识管理技术、自动问答系统、推理技术等综合运用的服务，具有普遍性和通用性，不仅为企业提供了细粒度知识管理技术，还在企业与用户之间构建了一种沟通的技术手段，同时还能为企业提供精细化管理所需的统计信息。

智能客服是智能化使用客户知识，帮助企业提高优化客户关系的决策能力、整体运营能力和数据分析能力的手段。

智能客服中比较重要的当属于客户知识体系，客户知识是客户知识管理的核心，是企业与客户在共同的智力劳动中所创造的，并不断进行升级、进化，从而使企业商品获得更多创新的知识，更好地服务于消费者，如图6-1所示。

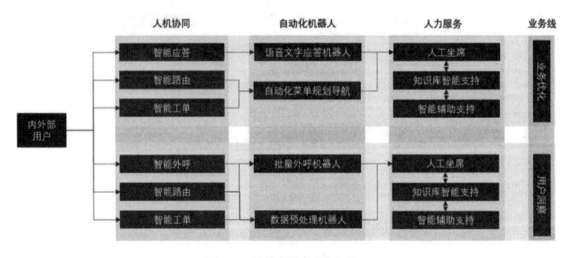

图6-1　智能客服商品构架图

　　自动回复的话术给商家带来了方便和效率，但是也会出现很多回复不准确、刻板应付、不能及时接入人工等情况，应该如何解决这个问题呢？

　　通过本项目的学习，可以培养学生大胆探索、敢于创造的精神，在智能客服平台应用的过程中，需要同学们不断挖掘客服回复盲区，优化话术和回复环节，不断大胆尝试，根据消费者人群结构的变化，结合本店铺商品的特点进行完善。

技能点一　阿里店小蜜的基本功能

　　阿里店小蜜是阿里官方推出的智能店铺接待机器人，依托淘宝天猫海量消费数据，为商家提供客户咨询全链路解决方案，帮助商家提升咨询接待效率，并实现商品转化率的跃升，同时协同客服主管管理店铺业务，达到人效产出最大化。

1. 初识店小蜜

　　店小蜜能够帮助店铺在接待客户咨询问题的情况下，在合理、合适的时间通过商品推荐、活动推荐等方式提升客户的转化率、客件数和客单价等。

　　目前阿里店小蜜已经内置了每月 100 个全自动流量和 50 个智能辅助接待流量，能满足店铺的日常需求。

　　店小蜜的主要接待模式有：

- 人工接待：辅助客服提升回复效率，常规回复有首问语回复、知识库问答等。
- 非人工接待：能够自动帮助回答高频问题、爆款商品问题、活动问题等。

2. 店小蜜商品知识库

（1）基本情况说明

　　店小蜜知识库主要是围绕商品进行的，比如新品上新、官方活动、优惠发放等，所以在配置知识点时要以商品维度作为切入点，需要学习通过商品进行问题场景的排序，这样才能够准确、高效地使用店小蜜的服务。

　　在店铺上新过程中，可以手动对商品配置各类问答，在维护知识点时，可以参考不同商品的咨询热度，对重点知识进行维护、优化、修改。

　　知识库是店小蜜机器人的核心大脑，只有配置知识库才可能进行自动的回复。

（2）具体功能介绍

　　在"阿里店小蜜后台"左侧，点击"商品知识"里的"商品知识库"，可以将知识库的视图切换成以商品维度展示。在商品视图中提供了"热门商品"和"全部商品"两个选项，如图 6-2 所示。

图 6-2　商品知识库入口

● 热门商品：按照昨日成交金额进行排序，系统自动完成排序。

● 全部商品：全部商品视图中，可以通过左侧的商品分类进行筛选，支持店铺分类
和未上架商品的筛选，也可以通过搜索框内输入商品 ID 进行搜索，如图 6-3 所示。

图 6-3　知识详情页面

点击商品右侧的"知识详情"，可以查看该商品下的所有知识，即已经配置了答案且关
联到该商品的所有知识，如图 6-4 所示。

图 6-4　全部商品详情页面

通过进入"知识详情"右侧的"新增自定义知识"页面进行编辑，可以针对这个商品的所有问题进行设置，也可以通过文案、图片、选择关联商品等完成操作，如图 6-5 和图 6-6 所示。

图 6-5　新增自定义知识

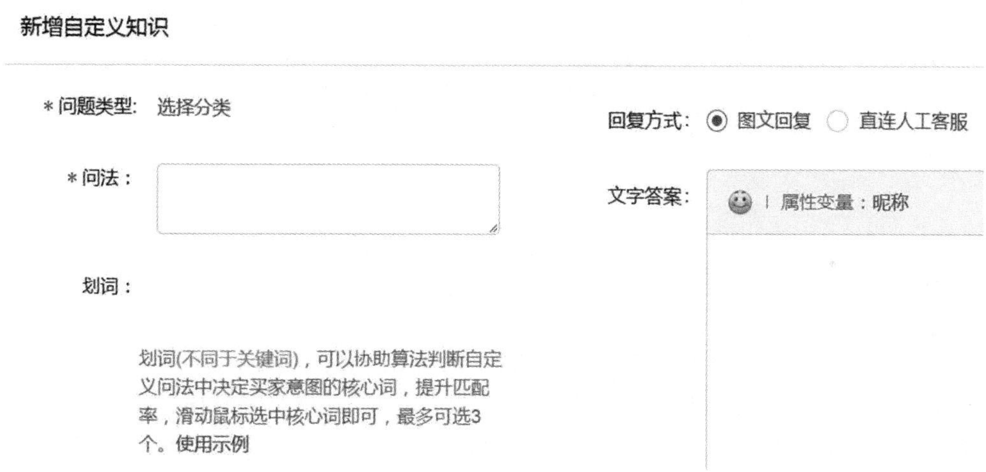

新增自定义知识

| ∗ 问题类型:　选择分类 | | 回复方式:　⦿ 图文回复　○ 直连人工客服 |

∗ 问法:

划词:

划词(不同于关键词)，可以协助算法判断自定义问法中决定买家意图的核心词，提升匹配率，滑动鼠标选中核心词即可，最多可选3个。使用示例

文字答案:　☺ ｜ 属性变量:昵称

图 6-6　自定义知识编辑

划词（不同于关键词），可以协助算法判断自定义问法中决定客户意图的核心词，提升匹配率，滑动鼠标选中核心词即可，最多可选 3 个，如图 6-7 所示。

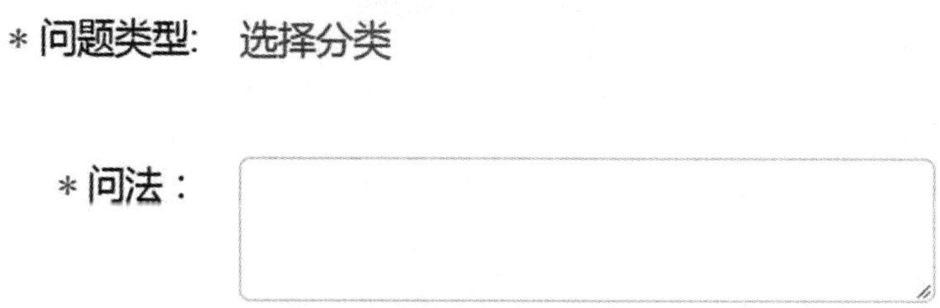

∗ 问题类型:　选择分类

∗ 问法:

图 6-7　问法编辑框

在知识编辑过程中需要提升商品知识编辑的技巧，当客户咨询该商品时，所有可能答复的知识可分为如下三类。

● 该商品的专属知识，即答案设置了指定商品的情况。

● 该商品所属商品品类的知识，即答案里设置了指定分类。

● 通用知识，即答案里未关联商品，对"所有商品"生效的答案。

当同一个问题同一个商品有多个答案时，系统会按照商品专属知识>品类知识>通用知识来答复。

热门商品中的咨询人数是昨日该商品在旺旺中被客户咨询的次数，不区分机器人还是人工。

如果编辑答案的时候添加了商品属性表中的属性变量，但是没有关联商品，那么商品属性表中虽然属性跟商品有映射关系，但是在知识库商品视图中，也是无法展示的。如果需要查看这部分答案，可以在右上角知识类型中选择"通用知识"来查看。

（3）知识批量导入和上传

店小蜜的知识库批量操作，可以对官方知识库、自定义知识库的已有知识进行批量新增、批量导入。具体可以进行图片、视频、详细订单状态、答案粒度关联问题、答案标签、精准关键词、常用订单状态、接待模式、智能辅助灭灯控制等的批量导入，如图6-8所示。

图6-8　批量导入

以下是一些导入技巧。

● 导入已有知识答案（包括官方知识库、店铺包、自定义知识）：可以支持对通用知识、行业包知识、店铺包知识、自定义知识中已有知识的新增答案进行导入。

● 导入之前需要先下载Excel模板，在知识库"知识详情"右侧进入"批量操作"后点击"导入已有知识答案"，在弹出的窗口中下载模板。按照模板要求填写后上传，支持批量导入已有知识的答案或已有自定义知识的相似问法，每次最多导入3000行，每个场景下最多支持10000个答案，如图6-9所示。

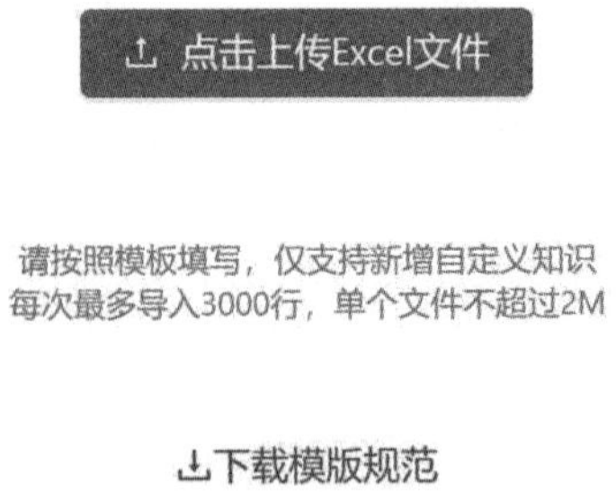

↥　点击上传Excel文件

请按照模板填写，仅支持新增自定义知识
每次最多导入3000行，单个文件不超过2M

↧下载模版规范

图6-9　模板的下载和导入

● 填写 Excel 模板过程中，不要修改 sheet 名称和 sheet 里模板的标题和顺序，每次导入的总条数建议不要超过 1000 条。文字答案里支持输入属性变量，变量请按照命名规范填写在花括号内。如果同一个知识 ID 或知识编号的多行记录，除答案绑定商品外其他内容完全一样，系统会自动合并答案，把绑定商品 ID 的答案合并为 1 个。如果其中有记录绑定了全部商品，则整合后默认为全部商品。

3. 直播知识库

（1）基本情况说明

直播知识库是店小蜜为进行店铺直播或参与网红直播的商家特别设计的服务，目的是更好地接待从直播间进店的客户的问题咨询，功能如下。

● 直播通用问题：将全网客户高频咨询的直播相关问题进行整合。

● 特定直播专用：允许为某场或某几场特定的直播创建专属问答，如果用户的提问包含该场直播的"主播名""关键词"或"暗号"，则会由这场直播下的场景和答案来回复。如果用户的提问包含了上述三个要素，但是没有定位到任何场景，则会有该场直播的兜底话术来回复。

在"阿里店小蜜后台"左侧菜单"问答管理"里点击"直播知识库"可以进入该功能，如图 6-10 所示。

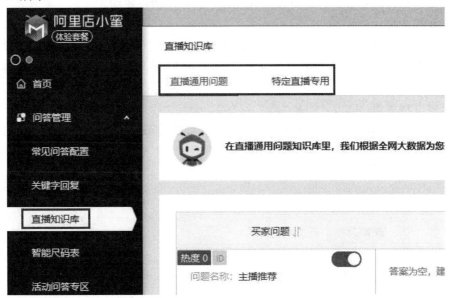

图 6-10　直播知识库入口

（2）直播通用问题

直播通用问题是基于全网直播类相关咨询归纳出来的直播问答场景，即原来在知识库里的直播场景。可以在直播通用问题中配置和知识库一样的直播相关的场景，只要用户的提问被意图定位到对应的场景，就会回复配置的答案，答案的回复优先级和配置方式与知识库一样，如图 6-11 所示。

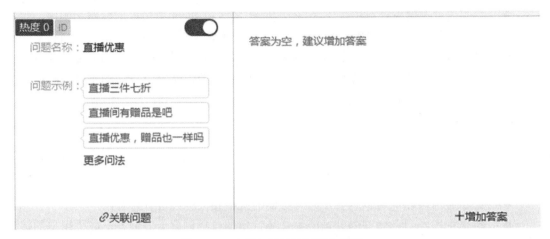

图 6-11　直播知识配置问题和答案

（3）特定直播专用

在特定直播专用知识库中，可以为特定的直播场次设置专属答案。通过设置的"主播名""暗号""直播关键字"来关联特定直播，并回复对应答案，可以实现与淘宝直播深度打通，直接同步店铺将要进行的直播，并关联至店小蜜的问答中。

（4）新建直播知识库

在特定直播专用知识库中，可以为一场或者几场直播创建一个专门的知识库。"直播名称"可以随意取名，"主播"需要如实填写，"关键词""暗号"这部分最为重要，当用户的提问中出现此关键词时，会认为是在咨询该场直播问题，从而关联到这个知识库下的答案。关键词最多支持 5 组，每组之间是"或"的关系。一组关键词可以使用"+"分割，比如"某品牌+发布会"，这样就可以关联包含"某品牌"和"发布会"的提问，如图 6-12 所示。

新建直播知识库　　　　　　　　　　　　　　X

直播名称：　某品牌发布会

主播：　飞飞

关键词/暗号：　某品牌 x　发布会 x　新品 x

最多可以添加5个暗号

取消　　确认

图 6-12　关键词（暗号）编辑

创建完后，点开"查看详情"，可以进入该场直播的知识库，直播知识库有两个选项：直播问答和关键词/暗号答案，如图 6-13 所示。

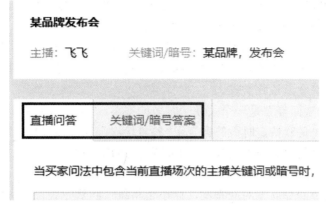

图 6-13　直播问答编辑

（5）直播问答

当客户问法中包含当前直播场次的主播"关键词/暗号"时，会进入当前直播场次的专属问答。如用户的提问命中到这里的场景时，店小蜜将回复对应答案，如图 6-14 所示。

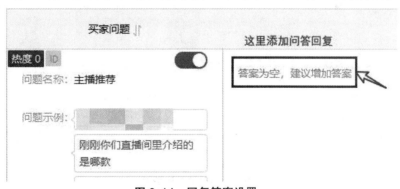

图 6-14　回复答案设置

（6）店小蜜直播问答回复规则

1）客户问题识别优先级为：应急关键词匹配>店铺包知识匹配>自定义问题精准匹配>官方知识库匹配>自定义问题模糊匹配，店小蜜先会在所有答案中去除不符合当前客户情况的答案。

实例 1：若当前是"未下单"来咨询，则这个场景下配置的"发货后"答案就是无效答案，去除掉不符合条件的答案后，留下多个符合条件的答案，那么就需要按优先级从高到低选择答案了，优先级如下：精准关键词答案>关联特定时效答案>咨询特定订单答案>订单状态答案>指定商品答案>指定品类答案>指定店铺>特殊人群>淘宝私域人群>店铺人群>含属性变量的答案>答复轮次>直连人工答案>普通文本答案。

实例 2：店小蜜会优先去匹配有关联时效且当前在时效中的答案，如果没有关联时效答案，再去找普通答案。若关联当前时效的答案中有多个答案满足条件，则继续看是否存在关联售前售后的答案，依此类推。

实例 3："第一次回复"是一个关联了时效的答案，"第二次回复"是无关联时效的普通文本答案。由于"关联特定时效答案">"答复轮次"，所有用户第二次询问该问题，依旧会回复优先级更高的"第一次回复"，即关联了时效的答案。

2）关键词和暗号答案

若客户关于直播的提问无对应答案，店小蜜将统一回复兜底答案，这时候不再回原来的知识库里寻找这个场景的答案了，所以在设置直播关键词、暗号的时候要特别谨慎。

关键词、暗号答案：当客户问法中包含当前直播场次的主播关键词或暗号时，但在"直播问答"中没有找到对应答案时，店小蜜将回复关键词、暗号对应答案。卖家可以在这里对每个关键词、暗号配置一个对应的答案，如图 6-15 所示。

图 6-15　关键词编辑

技能点二　店小蜜跟单助手

智能跟单是在客户购买流程的各个节点如拍前、购后、好评，通过旺旺的方式触达关怀客户，从而优化店铺服务体验，有效地提高好评率、购买率、复购率等指标。它可以帮助客服解决的问题有如下几项。

● 客服每日接待客户咨询繁忙，没有精力去做跟单动作，并且容易漏发错发。

● 对每个客户进行催拍催付等跟单动作时，无法统一话术和跟进时间，标准化缺失，效果难以衡量。

● 客服非上班期间或节假日，无法完成跟单动作发送，并且人工客服无法定时发送。

1. 跟单场景任务配置指标

跟单助手中的跟单场景任务配置包括四个指标：促进增收、直接增收、售后服务、疲劳度。

（1）促进增收

在用户咨询过程中进行营销促进，能够提升客服转化率 10%～20%。

"催付"下单未支付支付转化率提升约 5%，超过 10%的用户流失在最终付款环节，对其进行挽回。

"催付"预售尾款未付，尾款支付转化率提升约 10%，提升店铺预售成交额，减少客户因预付款资损引发的服务。

"催拍"咨询未下单，询单转化率提升约 8%，超过 30%的客户因为未及时跟进而流失，对其进行跟进。

（2）直接增收

对历史未成交和已成交用户进行营销，利用店铺私域流量带来增收。

"营销"单后推荐关怀，可提升全店收入 1%～2%，客户下单后，可以追加推荐商品或服务跟进。

"营销"意向用户唤醒，为店铺带来约 3%净增收，对过去 30 天有意向且未成交的客户进行唤醒再营销。

"营销"复购营销，复购率提升约 5%，完成订单后 2 周左右，进行发送优惠券促进复购。

（3）售后服务

为客户提供主动售后服务，提升客户购物体验。

"催收货"签收未确认，回款速度提升约 7%，签收后发送收货确认提醒，提升回款速度。

"说明书"发送使用说明，提升客户使用满意度，当物流状态为"发货后"时，为客户发送使用说明。

"物流"缺货通知，安抚客户预防差评，主动联系客户沟通商品缺货信息，提升客户满意度。

"物流"延迟发货协商，安抚客户预防差评，主动联系客户沟通商品延迟发货的原因，提升客户满意度。

"拒签"未收货仅退款拒签，减少退货物流损失，针对已发货，客户发起未收货退款时，提醒拒签防止资损。

"物流"拆包发货通知，减少发货通知咨询，订单拆包发货时，提前通知客户，降低咨询，提升满意度。

（4）疲劳度

对于商家主动发起的运营场景进行控制，包括单后推荐关怀、自定义标签组合场景、高意愿唤醒（意向用户唤醒）、复购营销、实时私域寻客（智能私域营销），如果单个客户同时命中多个场景任务，遵循先到先得原则。

对于商家主动发起的服务类场景进行控制，包括发送使用说明、缺货通知、延迟发货协商、拆包发货通知，每个场景可以在商家设置的自定义天内，最多发送 1 条消息。

2. 自定义外呼场景

阿里店小蜜"智能外呼"基于多场景帮助商家做消费者强触达。覆盖售前、售中及售后多个场景。提供自定义话术、自定义人群、自定义语音音色、自定义发送时段等，满足店铺各样的外呼场景需求。

店小蜜"智能外呼→自定义场景"可以通过"跟单助手"进入，入口如图 6-16 所示。

图 6-16　店小蜜跟单助手入口

（1）话术配置

自定义场景要求能够提供自定义话术、自定义人群、自定义语音音色、自定义发送时段的自定义能力，但在外呼场景上要求为服务域场景，营销性质话术不允许外呼。

系统禁止诈骗信息、好评返现、辱骂、强营销性质话术等类型话术，并要求话术长度不超过 100 字，录音时长不超过 40 s，如表 6-1 所示。

表 6-1　话术不通过说明

话术内容	话术举例	类型	审核结果
营消类	×××店铺 618/双 11 五折，明星产品礼赠超过 300 元	偏向于引发客户产生购买意愿	不通过
	本店 6 月举行周年庆活动，送你一张 50 元无门槛优惠券，点击×××领取		
	李××直播间		
索要好评类	好评返现，加 V 信×××，红包 5	索要好评	不通过
辱骂客户类	投诉 S 全家……	辱骂	不通过
诈骗信息	加 V 信获取 500 元礼包	诈骗	不通过

以下为优秀话术示例。

● 定价错误协商退款。

您好，我是#店铺名#，很抱歉通知您，由于我们运营价格设置错误，店铺面临巨额损失，故#商品名#无法发出，辛苦您发起退款。为表歉意，补偿措施可咨询在线客服。感谢理解，再见。

● 退款结果通知。

您好，我是#店铺名#，您发起的#商品名#订单退款已完成，款项已回退到原支付途径，请查收，祝您生活愉快，再见！

● 退货及单号提交提醒（将超时）。

您好，我是#店铺名称#，看到购买的#商品名#申请了退款，目前查看您还未填写退货单号，辛苦您尽快寄出商品并填写退货物流单号，避免超时退款失败。您可以进入"我的淘宝"，点击"退款订单"，填写退货单号。感谢支持，祝您生活愉快，再见。

话术配置入口如图 6-17 所示。

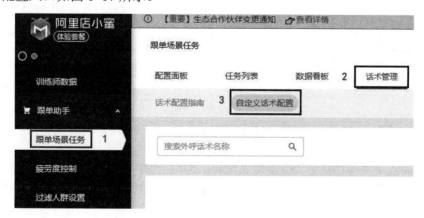

图 6-17　话术配置页面

第一步：新建"自定义话术"，支持"文本"和"录音"两种自定义方式，提交话术后一般审核时间在 2 个工作日内，如图 6-18 所示。

图 6-18　话术文本和录音设置

第二步：创建"自定义外呼"任务，进入"配置面板"，下拉找到"自定义场景"，点击"新建任务"，如图 6-19 所示。

图 6-19　新建任务

第三步：点击"新建任务"后填写"任务名称"，选择"话术模板"并根据要求填写对应的订单信息后点击"上传名单"，确认外呼的时间后，便可以点击"开始任务"，如图 6-20 所示。

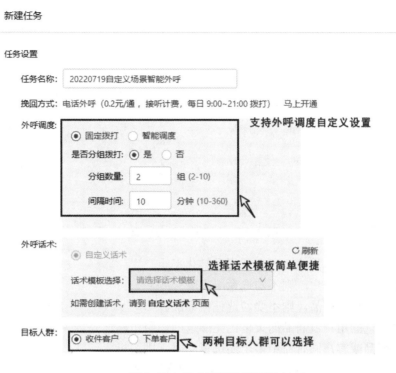

图 6-20　话术模板设置页面

（2）自定义外呼数据

在"任务列表"页面找到对应任务列表后点击"查看外呼进度"，就可以看到对应外呼进度的数据，目前支持查看的数据有：任务总外呼量、当前已处理外呼量、外呼拨打进度、预估剩余完成时间、当前已接通外呼量、外呼接通率。点击"查看明细"，可查看到每一通电话的接通情况以及对应录音，如图 6-21 所示。

图 6-21　数据看板

3. 小蜜催拍

店小蜜一键启动后将默认开启小蜜催拍。催拍过程通过后台进行发送，不唤醒对话框，可在店铺聊天记录中查询发送记录。可与千牛催拍合用，设置时错开催拍时间，可实现二次催拍。当进入小蜜催拍时，需要注意以下三个要点。

（1）准确地描述任务

每个任务都可以设置多个策略，不同的商品建议设置不同的话术，这样能有效地提升转化率。随着催拍任务越来越多，需要在命名时就能准确描述任务，以便后续维护，如

图 6-22 所示。

新建任务

任务设置

命名时需准确描述任务

任务名称：20220720咨询后未下单催拍小蜜自动

有效期：⦿ 长期有效　○ 定时　　开始日期　∨

时机：咨询后　1分钟　∨　未下单时

自动发送时段：每天　8点　∨　~　次日8点　∨

图 6-22　小蜜催拍任务名称

（2）设置不同的圈选策略，可有效提升转化率

● 想要圈选所有用户，则不勾选意愿人群。

● 想要圈选全部商品，则不要勾选任何商品。

● 特殊圈选的用户或商品的策略比无圈选的通用策略优先。

● 一个商品或客户同时命中多个圈选策略时，则随机。

如果当商家设置一个全店通用策略 1，又针对爆款商品设置了策略 2，则有针对商品的策略 2 优先。商家设置时不小心把一款商品设置到了两个不同的任务中，则话术随机出现，如图 6-23 所示。

自动发送时段：每天　8点　∨　~　次日8点　∨

目标人群：⦿ 自定义人群

☑ 咨询未下单客户　催拍可自定义人群和商品
☑ 涉及特定商品的客户

＊涉及商品：⦿ 特定商品　○ 特定分类

在下方勾选指定的商品，或点击右侧"批量导入商品id"　　批量导入i

全部　∨　　　　　　按商品名　∨　请输入商品名称

☐　　赠品　　　　　￥99

☐　　赠品　　　　　￥99

图 6-23　策略圈选

（3）催拍逻辑

人工接待的客户只能本人进行催拍，全自动机器人接待的客户不受限制，可指定到特定客服，如图 6-24 所示。

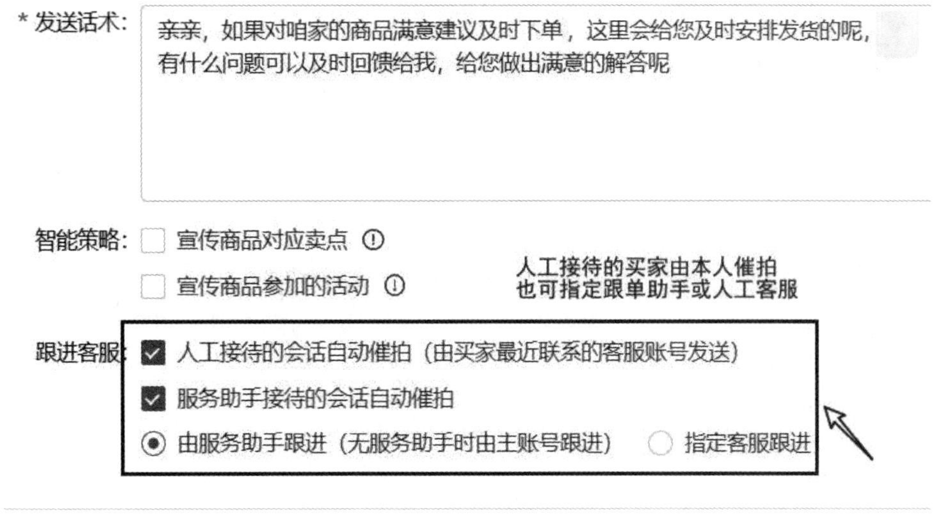

* 发送话术：　亲亲，如果对咱家的商品满意建议及时下单，这里会给您及时安排发货的呢，
有什么问题可以及时回馈给我，给您做出满意的解答呢

智能策略：　☐ 宣传商品对应卖点　ⓘ
　　　　　　　　　　　　　　　　　　　　人工接待的买家由本人催拍
　　　　　　☐ 宣传商品参加的活动　ⓘ　　也可指定跟单助手或人工客服

跟进客服：　☑ 人工接待的会话自动催拍（由买家最近联系的客服账号发送）
　　　　　　☑ 服务助手接待的会话自动催拍
　　　　　　◉ 由服务助手跟进（无服务助手时由主账号跟进）　　◯ 指定客服跟进

图 6-24　客服跟进设置

小蜜催付的下单未付款"特定订单金额"人群配合店铺满减活动使用效果最佳，如图
6-25 所示。

目标人群：　◯ 智能筛选人群　◉ 自定义人群

　　　　　☑ 高意愿下单未支付客户　ⓘ
　　　　　☐ 涉及特定商品的客户　　☑ 特定订单金额的客户

订单金额：　请输入最低金额　　　　~　　请输入最高金额

首次发送话术：　请输入挽回话术

图 6-25　特定订单金额设置

4. 单后推荐关怀小程序

店小蜜跟单助手中的"单后推荐关怀"场景为千牛小程序下发，不占用千牛 5 条消息限制中的条数，单后推荐支持下发"文本卡片"或"文本卡片+商品推荐卡片"。店小蜜单后推荐小程序需要在服务市场完成订阅和购买，支付时显示付款 0 元，不需要实际支付。订购后需要在千牛客户端配置小程序，如图 6-26 所示。

图 6-26　单后小程序订购

第一步：在千牛客户端客户服务平台中，左侧菜单"自动化任务→追单服务→追单方案"中，选择"采蜜单后推荐-商家端"，如图 6-27 和图 6-28 所示。

图 6-27　采蜜单后推荐商家端开启

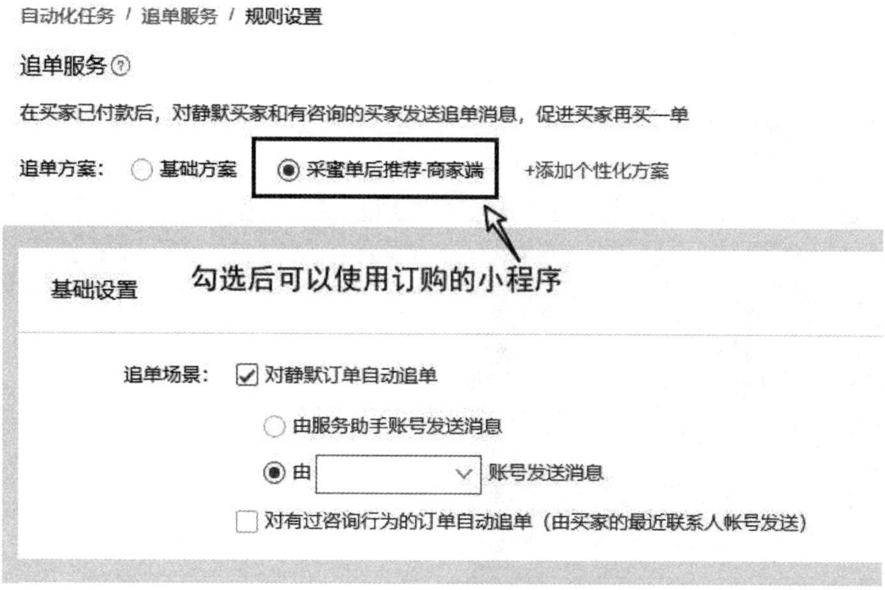

自动化任务 / 追单服务 / 规则设置

追单服务⑦

在买家已付款后，对静默买家和有咨询的买家发送追单消息，促进买家再买一单

追单方案：　○ 基础方案　　● 采蜜单后推荐·商家端　+添加个性化方案

基础设置　**勾选后可以使用订购的小程序**

追单场景：☑ 对静默订单自动追单

　　　　　○ 由服务助手账号发送消息

　　　　　● 由 [　　　 ∨] 账号发送消息

　　　　　☐ 对有过咨询行为的订单自动追单（由买家的最近联系人帐号发送）

图 6-28　采蜜单后推荐商家端设置

第二步：选择完成后，进入店小蜜跟单助手页面，点击"商家端方案设置"中"去设置"。

第三步：在店小蜜后台跟单助手设置完成后，回到刚才"自动化任务→追单服务→规则设置"页面，刷新页面后按照刚才的步骤重新选择追单方案"采蜜单后推荐－商家端"，并完成基础设置，点击"保存设置"后即完成设置，如图 6-29 所示。

基础设置

追单场景：☑ 对静默订单自动追单

　　　　　○ 由服务助手账号发送消息

　　　　　● 由 [　　　 ∨] 账号发送消息

　　　　　☑ 对有过咨询行为的订单自动追单（由买家的最近联系人帐号发送）

采蜜单后推荐·商家端方案设置

未设置　[去设置]

点击去设置进入店小蜜-跟单助手页面

[保存设置]　取消

图 6-29　单后推荐完成设置

第四步：店小蜜后台配置商家端小程序，进入店小蜜"跟单助手"，设置"单后推荐关怀"场景任务，选择"千牛自动"，如图 6-30 所示。

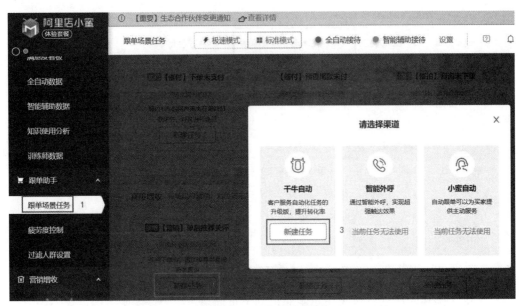

图 6-30　千牛自动设置

第五步：新建任务后配置小程序下发卡片样式，支持文本下发、商品卡片下发，最多 3 个，如图 6-31 所示。

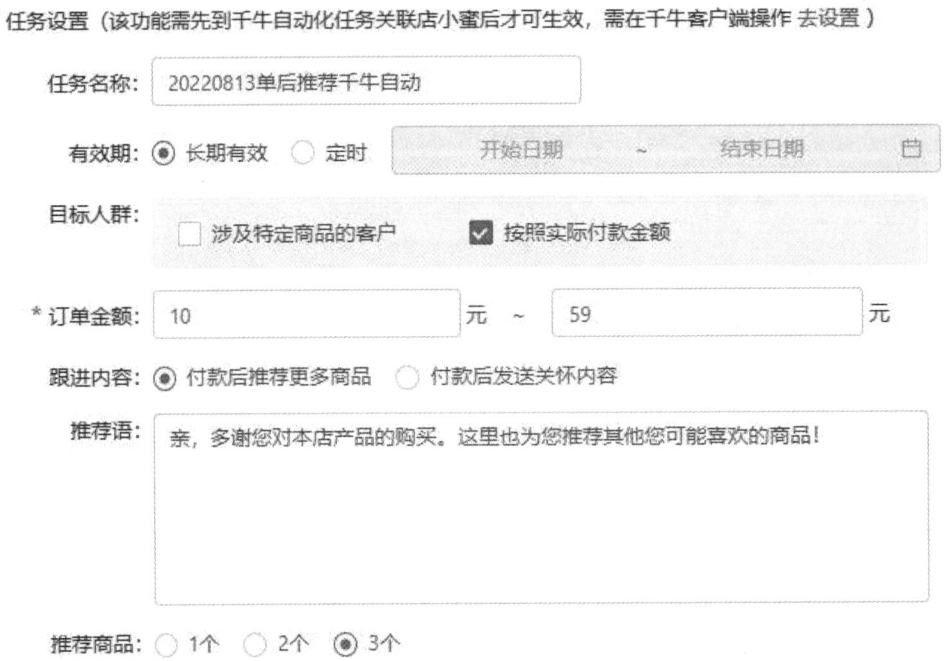

任务设置（该功能需先到千牛自动化任务关联店小蜜后才可生效，需在千牛客户端操作 去设置）

任务名称：　20220813单后推荐千牛自动

有效期：⦿ 长期有效　　○ 定时　　　开始日期　～　结束日期　📅

目标人群：　□ 涉及特定商品的客户　　☑ 按照实际付款金额

* 订单金额：　10　　元　～　59　　元

跟进内容：⦿ 付款后推荐更多商品　　○ 付款后发送关怀内容

推荐语：　亲，多谢您对本店产品的购买。这里也为您推荐其他您可能喜欢的商品！

推荐商品：○ 1个　○ 2个　⦿ 3个

图 6-31　配置卡片样式

5. 复购营销

复购是商家常用的客服营收运营方法，在日用品、食品、母婴、健身、医药等行业中较为常见。功能入口如图 6-32 所示。功能规则说明如下。

● 触发时机：复购任务触发在客户"订单签收"后 10～20 天之间。

● 复购策略：因客户有过订单，购买意愿已消耗。如对客户进行复购营销，必须配置优惠券刺激客户。

● 屏蔽策略：发起售后不产生任务、咨询过程中有过不良行为不产生任务、等待期内已复购不产生任务。

● 生效时间：数据只能追溯到首个任意跟单任务后 15 天的客户。如果首个跟单助手任务不足 15 天，则复购任务只会在首个任务后第 15 天产生。

● 任务在设置后，需要调动后台数据。首次使用，任务在 24 小时后生效。

● 大部分客户在上次购买后，15 天左右才能再次产生购买欲。应根据店铺客户习惯，适当调整复购推荐的时机。

● 复购任务有疲劳度设置，复购属于强行激活客户购买意愿，在配置话术时，必须有优惠券链接，方可触达客户。

图 6-32　复购营销入口

6. 营销增收

在线下购物时，服务台货架是一个非常适合用来做关联营销的黄金购物展位。在线上购物中，首问语文本框就是类似于服务台的一个展位。智能商品推荐是店小蜜开辟的一个商品推荐广告位，为商家提供相应关联推荐的机会，该展位能带来 5%～10%的推荐成功率。

（1）智能商品推荐

该功能设置非常简单，打开相关开关即可。打开开关后，全自动和智能辅助模式下欢迎语同时生效。基于店小蜜"千人千面"的智能推荐算法，给用户在不同场景下，推荐最有可能成交的商品，最终提高客单价，如图6-33所示。

图 6-33　智能商品推荐开启

智能商品推荐方式分为求购推荐、搭配推荐、其他推荐几种。

1）求购推荐

当客户发起求购需求时，可通过智能导购进行商品推荐。识别客户"有什么××（商品名）推荐"的求购意图，进行回复，如图6-34所示。

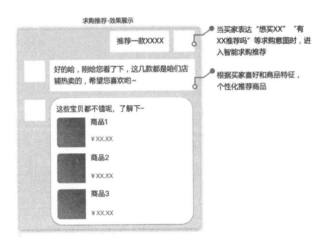

图 6-34　求购推荐

2）搭配推荐

搭配推荐分为系统搭配推荐及人工搭配推荐。在系统推荐中，可以勾选需要搭配推荐的场景，店小蜜将会根据店铺销量、客户喜好推荐搭配商品。也可以针对热门商品进行个性化搭配推荐，人工搭配结果将优先于系统搭配结果。当客户表达出明确的购买意图时，智能搭配能推荐商品，提升客单价。

如果对商品配置了人工搭配，会优先触发人工搭配。没有人工搭配，再触发智能搭配。智能搭配会由系统智能判断最有可能成交的商品并发给客户，成交率约是人工配置的 2～

3 倍，如图 6-35 所示。

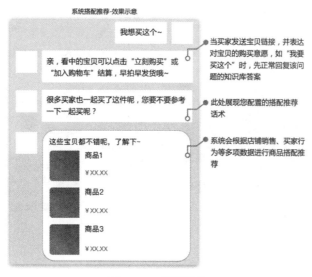

图 6-35　搭配推荐

3）其他推荐

店小蜜可提供多种特殊推荐的场景，一键开启，增加收益。

● 无货推荐：客户咨询的商品无货时，自动根据客户喜好，推荐有货且相似的商品，如图 6-36 所示。

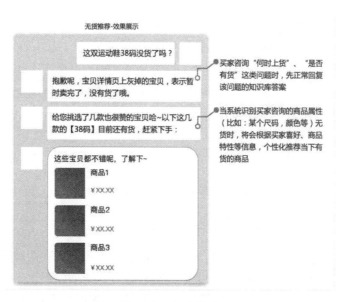

图 6-36　无货推荐

● 凑单推荐：根据主动营销优惠券的满减条件、客户喜好、商品信息等推荐可满足该优惠券满减条件的商品进行凑单，但需要同时开启"主动营销→活动优惠"功能才可以推荐，如图 6-37 所示。

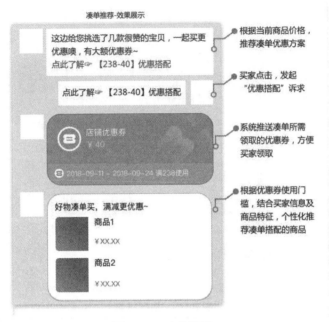

图 6-37 凑单推荐

- 爆款推荐：当客户触发"领券""店铺活动""送礼""优惠""咨询售前问题但无特定商品""当前咨询的商品没有购买意愿"等场景，系统会向客户推荐配置的爆款商品进行转化或挽回，如图 6-38 所示。

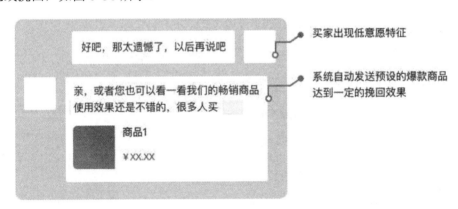

图 6-38 爆款推荐

- 智能和人工推荐：根据客户在全平台中的行为路径，关联店铺中最可能成交的商品进行推荐，人工推荐是商家自定义相关商品进行推荐。一般状况下，通过大数据智能推荐的成功率是人工推荐成功率的 1～5 倍，所以建议设置智能推荐，如图 6-39 所示。

（2）客户求购时的自动推荐

求购智能推荐可以识别客户求购意图（如帮我推荐一件短袖 T 恤），根据客户喜好、浏览记录、商品特征等进行个性化推荐，用来应对"客户想买一款商品，但是不知道哪款更适合自己，希望店铺推荐一款适合的"等需要特定条件商品的场景。

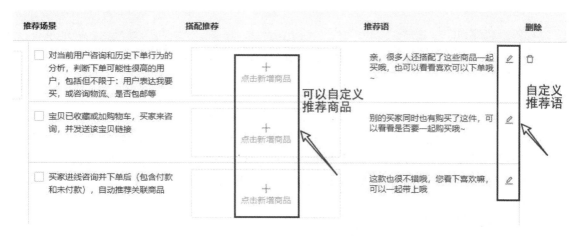

推荐场景	搭配推荐	推荐语	删除
☐ 对当前用户咨询和历史下单行为的分析,判断下单可能性很高的用户,包括但不限于:用户表达我要买,或咨询物流、是否包邮等	＋ 点击新增商品	亲,很多人还搭配了这些商品一起买哦,也可以看看喜欢可以下单哦~	✎ 🗑
☐ 宝贝已收藏或加购物车,买家来咨询,并发送该宝贝链接	＋ 点击新增商品	别的买家同时也有购买了这件,可以看看是否要一起购买哦~	✎
☐ 买家进线咨询并下单后(包含付款和未付款),自动推荐关联商品	＋ 点击新增商品	这款也很不错哦,您看下喜欢嘛,可以一起带上哦	✎

可以自定义推荐商品　　　自定义推荐语

图 6-39　智能和人工推荐

本场景在需要专业知识的"非通用"商品中极其常见,咨询占比高达 12%～30%,如美妆、电子设备、健身保健、服装等,咨询过程会产生一定的商品培训成本,且咨询耗时通常是普通咨询的 5 倍,但可以有效解决导购场景中的服务压力。常见场景是客户要求推荐时提及了多个关键词来描述自己的意图。

- 美妆示例:你们家有没有适合油性皮肤的祛痘商品?
- 食品类示例:你们家有没有无糖的辣的肉类的小包装零食?
- 3C 配件类示例:你们家牛皮款的手机壳,有适配某款手机的吗?

这时在"智能商品推荐"中,开启"求购推荐"板块,就可以找到这个功能,同样点击"开启"即可,如图 6-40 所示。

图 6-40　求购推荐开启

技能点三　　阿里店小蜜的配置逻辑

店小蜜配置是对问答、商品知识库、接待设置等高频使用模块进行设计，让配置内容更有重点、页面更简洁、操作更便捷，可以有效提升配置效率。在实际操作店小蜜接待时，有很多问题明明机器人可以解决，却转成了人工，白白浪费人力。如何分析、优化店小蜜的配置，掌握完整的配置分析思路，提升店小蜜解决能力，避免上述情况发生，是本节的主要内容。

1. 店小蜜配置步骤

第一步：设置店小蜜的接待模式。

要将接待模式设置成人工接待优先，当人工挂起时店小蜜能够全自动接待。在创建领取过子账号后，打开店小蜜后台，点击顶部"全自动接待"右侧的"立即开启"，点击"全自动开启中"右边的"修改"，设置接待模式为"人工优先"，如图 6-41 所示。

图 6-41　人工优先模式设置

第二步：开启智能辅助。

智能辅助在千牛右侧面板中，用于在人工客服接待的时候推荐给客服回复话术，帮助客服自动回复部分提问，让客服能实时在千牛面板里维护知识库问题，是一种提效工具，也是在千牛 PC 客户端上帮助客服一起接待客户的客服助理工具。需要在顶部找到"智能辅助接待"点击"立即开启"进行设置，如图 6-42 所示。

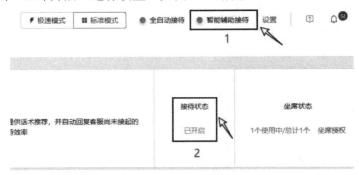

图 6-42　开启接待状态

看到设置成功的提示后，会进入智能辅助坐席授权。一个智能辅助坐席同时只能给一个子账号使用，如果这个子账号关闭智能辅助坐席，则这个空闲的智能辅助坐席可以再给其他的子账号使用，子账号也可以自己抢占空闲的智能辅助坐席，如图 6-43 所示。

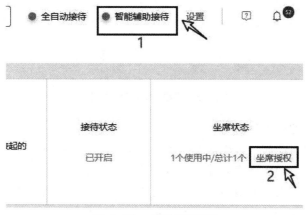

图 6-43 坐席授权设置

这时，已给店铺子账号进行智能辅助坐席的授权，可以帮助客服快速回复客户的提问，通过右侧面板快速查询商品的常见问题、优惠券、规格参数，智能推荐客户有意愿购买的商品，或是辅助客服进行催拍、催付等跟单任务，能够提升客服的接待效率、响应速度和转化率。被授权的客服可在千牛客户端上自主选择是否开启智能辅助功能，智能辅助模式可以和全自动模式同时使用，也可单独使用，如图 6-44 所示。

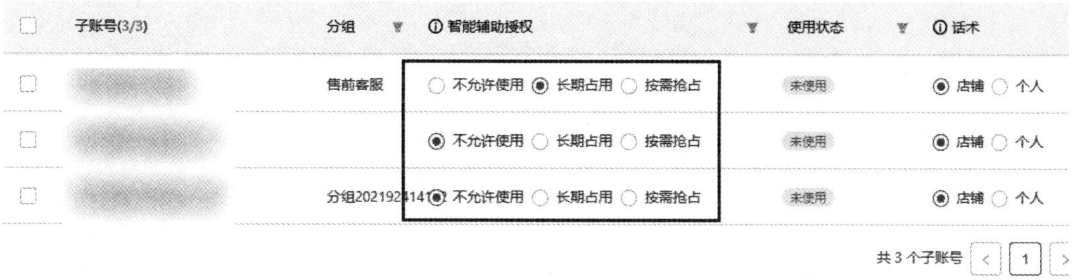

	子账号(3/3)	分组	ⓘ 智能辅助授权	使用状态	ⓘ 话术
☐		售前客服	○ 不允许使用 ◉ 长期占用 ○ 按需抢占	未使用	◉ 店铺 ○ 个人
☐			◉ 不允许使用 ○ 长期占用 ○ 按需抢占	未使用	◉ 店铺 ○ 个人
☐		分组202192414	◉ 不允许使用 ○ 长期占用 ○ 按需抢占	未使用	◉ 店铺 ○ 个人

共 3 个子账号 < 1 >

图 6-44 智能辅助授权设置

● 不允许使用：设置后，即便当前店铺的智能辅助坐席有空闲的，这个子账号也不能使用，不能抢占智能辅助坐席。

● 长期占用：这个子账号长期可以使用智能辅助坐席，不需要抢占，默认就有。

● 按需抢占：这个子账号有权限抢占没有被其他子账号使用的空闲状态中的智能辅助坐席。

设置完成后重启千牛客户端，子账号可以在左上角看到店小蜜的头像图标，点击后变成省略号标志即完成了开启，如图 6-45 所示。

图 6-45 店小蜜接待页面显示

第三步：设置欢迎语卡片。

欢迎语卡片是全自动店小蜜机器人收到客户进入咨询后的第一句话后，自动给出预先设置好的回复话术，主动跟客户问好，给客户留下好印象，提升客户的咨询体验。

卡片问题：可以人工添加最多 4 条卡片问题，为了保障消费者查阅体验，每个卡片问题的答案不可超过 160 字，超过限制则无法勾选，可调整答案字数后再关联，如开启商品推荐则占用一条卡片问题，同时可拖拽调整问题位置，如图 6-46 所示。

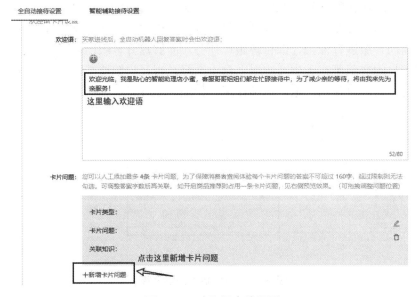

图 6-46 欢迎语卡片设置

2. 设置知识库问题

接待模式设置完成后，还需要设置简单的问题才能帮助智能回复。下面举例说明两个必配的高频知识点。

（1）打招呼

店小蜜里预设了一些打招呼的默认回复，比如客户问"有人在吗"，默认机器人回复"在的呢，有什么可以帮助您的吗？"。如果需要修改为自己的回复，可以找到这些打招呼的问法，编辑答案内容。找到修改入口，将答案编辑为希望机器人回复的内容即可。

知识库有各种类型的语聊场景可以编辑。如果店小蜜提供的场景不够，还可以点击"自定义问题"，在里面添加，如图 6-47 所示。

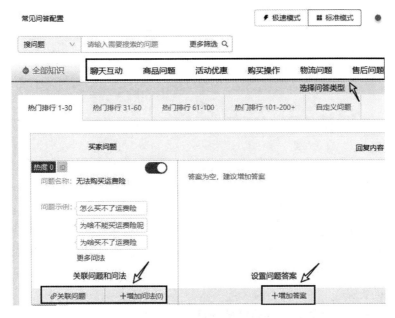

图 6-47 首问语关联问题

（2）咨询默认发货快递设置

第一步：进入问答知识配置，搜索"咨询默认发货快递"或者通过"物流咨询"找到"咨询默认发货快递"这个场景，如图 6-48 所示。

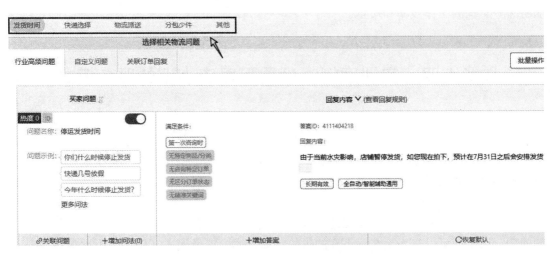

图 6-48 物流快递问题设置

第二步：点击"添加答案"，写上的回复话术。话术一定要根据店铺的实际情况调整，比如："由于当前水灾影响，店铺暂停发货，如现在拍下，预计在 7 月 31 日之后会安排发货哦"，如图 6-49 所示。

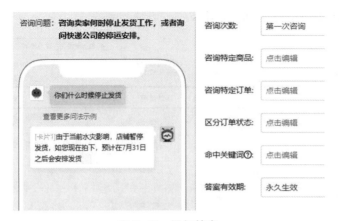

图 6-49　添加答案

第三步：继续往下滚动，在"答案有效期"点击一下，选择"新增可选时效"，设置一个时间段，建议是发货前的时间且答案有效的时间段，这个答案只会在该时间段生效，然后点击"保存"。"发货时间"的这条回复答案就只有在设置的受水灾影响不能正常发货、经营的这段时间生效。

课程思政：突破思维定式，具有创新精神

2020 年 3 月，"蓝鲸 2 号"半潜式钻井平台在水深 1225 m 的南海神狐海域顺利开展第二轮可燃冰试采任务，创造了"产气总量 86.14 万 m³，日均产气量 2.87 万 m³"两项新的世界纪录，攻克了深海浅软地层水平井钻采核心技术，实现了我国在科技成果领域的重大创新。我们在课程学习过程中，也要对客服服务技能进行理论和实践的创新，使之更好地服务客户，提高工作效率和质量。

技能点四　实训案例：设置阿里店小蜜的服务模式

阿里店小蜜服务模式是店小蜜功能的基本设置之一，有效设置店小蜜服务模式可以使店小蜜更有效和准确地进行推荐，节省人力成本，提高客服工作效率，特别是针对规模比较大的店铺，效果更加明显，在大促活动中也有突出的表现。

1. 全自动接待模式

全自动接待是机器人在无客服的情况下，根据提前配置好的知识答案，自动回复客户的问题。店小蜜可以在人工客服不在的时候（如夜间）或者人工客服接待不过来的情况下（如大促或活动中），帮助接待店铺的高频问题、爆款商品问题等。

（1）全自动接待的模式介绍

1）人工优先

人工优先是指当人工客服在线时客户咨询优先交给人工客服接待。当所有客服"挂起"，接待不了或晚间客服全部不在线时，由机器人直接接待并自动回复。

2）助手优先

不论是否客服在线，客户咨询优先交给机器人接待，机器人解答不了再转交人工客服处理。

可以根据店铺实际接待情况，选择合适的模式。比如店铺白天有固定客服，且咨询客户不多，则推荐使用人工优先。比如店铺白天无固定客服，或者咨询量较多，则推荐使用助手优先，确保每个客户咨询都能及时得到响应。

要开启全自动接待模式，点击"店铺管理→接待设置→全自动接待设置"，进入"旺旺分流→设置"页面中开启并选择接待方式即可。需要注意的是，务必始终保持"使用机器人应答"为选中状态才可以，设置过程如图 6-50、图 6-51 和图 6-52 所示。

图 6-50　进入接待设置入口

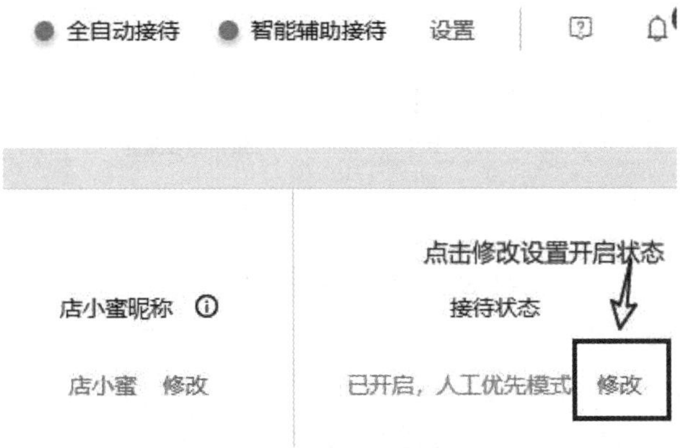

图 6-51　选择服务模式

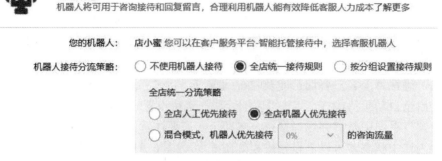

图6-52　完成机器人配置

2. 智能辅助接待模式

（1）智能辅助接待模式介绍

智能辅助是机器人辅助客服接待的模式。当客服使用千牛接待客户时，智能辅助会在千牛输入框上方、千牛右侧"机器人"面板内提供问题自动回复、回复话术推荐、商品推荐、优惠券卖点推荐、商品知识库展示、物流异常查询、跟单任务展示等功能，适合在日常接待时使用，缩短平均响应时间，提升客服接待效率和客服转化率，如图6-53所示。

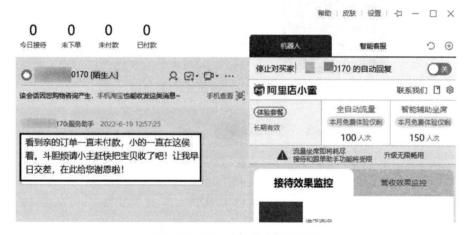

图6-53　智能辅助模式接待显示

（2）智能辅助设置

在浏览器中打开店小蜜后台或者通过千牛搜索"店小蜜"进入后台，将鼠标移动到右上角"智能辅助接待"位置，点击"设置"，也可以通过"店铺管理→接待设置→智能辅助接待设置"进入，完成智能辅助开启，如图6-54和图6-55所示。

图 6-54　进入智能辅助设置页面

图 6-55　智能辅助接待开启

　　本项目主要对客服接待过程中用到的店小蜜服务进行介绍，对其基本功能进行了实操性的说明，包括知识库的入口、设置、知识导入、场景配置、跟单助手的使用、商品推荐、复购营销和营销增收手段的应用等，让学生充分了解和掌握店小蜜的常见知识点和技能，在后期的客服工作中提高效率，将客服技术熟练运用，实现更高的价值。

collocation recommendation　　　　　　　　搭配推荐
increase income　　　　　　　　　　　　　增收

strategy	策略
fatigue	疲劳度
merchant	商家
place an order	下单
describe	描述
text	文本
scene	场景

1. 选择题

（1）（　　）是跟单助手自有催拍，店小蜜一键启动后将默认开启。

  A. 小蜜催拍   B. 数据看板

  C. 凑单推荐   D. 爆款推荐

（2）（　　）是全自动店小蜜机器人收到客户进入咨询后的第一句话后，自动给出预先设置好的回复话术，主动跟客户问好，给客户留下好印象，提升客户的咨询体验。

  A. 打招呼   B. 欢迎语卡片

  C. 商品推荐   D. 自动回复

（3）人工优先是当前所有客服"（　　）"，接待不了或晚间客服全部不在线时，由机器人直接接待并自动回复。

  A. 未挂起   B. 离线   C. 挂起   D. 忙碌

（4）（　　）是机器人辅助客服接待的模式。当客服使用千牛接待客户时，智能辅助会在千牛输入框上方、千牛右侧"机器人"面板内提供问题自动回复、回复话术推荐、商品推荐、优惠券卖点推荐、商品知识库展示、物流异常查询、跟单任务展示等功能。

  A. 自动回复   B. 人工智能

  C. 快捷短语   D. 智能辅助

（5）不论是否客服在线，客户咨询的问题优先交给机器人接待，机器人解答不了再转交人工客服处理的接待方式是（　　）。

  A. 助手优先   B. 人工优先

  C. 手机端优先   D. PC 端优先

2. 填空题

（1）店小蜜的主要接待模式有（　　）接待、（　　）接待。

（2）在"阿里店小蜜后台"左侧，点击"商品知识"里的"商品知识库"，可以将知识库的视图切换成以商品维度展示。在商品视图中提供了（　　）和（　　）两个选项。

（3）直播知识库创建完成后，点开"查看详情"，可以进入该场直播的知识库，直播知识库有（　　）、（　　）两个选项。

（4）对于商家主动发起的运营场景进行控制，包括单后推荐关怀、自定义标签组合场景、高意愿唤醒、复购营销、实时私域寻客，如果单个客户同时选中多个场景任务，遵循

（　　）原则。

（5）店小蜜"智能外呼→自定义场景"可以通过（　　）进入。

3. 简答题

（1）店小蜜的主要接待模式有哪两种？

（2）智能商品推荐方式有哪些？试进行简要说明。

项目 7 客户关系管理

通过学习客户关系管理项目，了解基本会员营销的概念和作用，熟悉客户关系管理后台的各个功能模块，掌握客户关系管理的营销规则和应用，具有熟练通过客户关系管理后台对会员用户及新用户的营销推广。

- 了解客户关系的营销本质和技巧；
- 熟悉客户关系管理后台模块的功能；
- 掌握客户关系管理后台模块的应用；
- 具备客户关系管理功能模块设置和推广的能力。

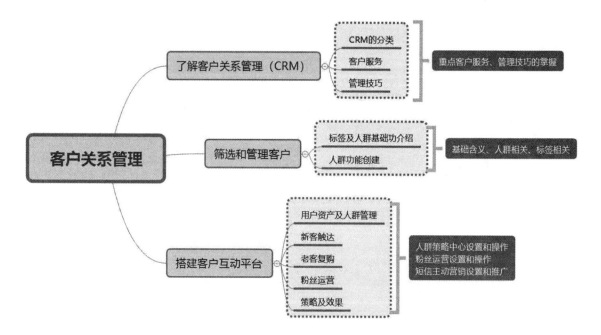

【情景导入】

小刚拥有自己的公司，在创业初期并没有进行统一的信息化规划，公司使用的财务、业务、仓库等信息系统都是相互独立的。但随着公司快速发展和业务量增加，原有的信息系统已经难以满足多样化的业务需求。

经过内部的评估后，小刚希望能构建一个完整的客户管理体系，能够将客户的信息、双方沟通的记录、交易记录都整合在一起，从而减少客户流失和更好地进行二次回购的营销。

公司通过引入和使用客户关系管理（Customer Relationship Management，简称 CRM）系统，进而实现内部协作流程优化，实现业务数据的完整可视，降低管理成本，提升会员管理效率。

CRM 系统实现对客户的 360 度画像、销售漏斗转化、客户跟进记录以及购买意图记录，CRM 的使用极大程度地提升了小刚公司内部的协作效率，客户会员数量同比增加 50%，营销触达率 100%，客户的复购率也提升了 35%，有效地增加了店铺的营业额和利润值。

【任务描述】

客户关系管理，是指企业为提高核心竞争力，利用相应的信息技术以及互联网技术，协调企业与客户间在销售、营销和服务上的交互，从而提升其营销管理方式，为客户提供创新式的个性化服务的过程。其最终目标是吸引新客户、保留老客户以及将已有客户转为忠实客户。

客户进店咨询和购买只是交易的第一步，如何让客户的交易链路增长、消费次数增多是每个店铺需要思考的问题，合理使用 CRM 系统是每个商家的必然选择。

通过本项目的学习，可以培养学生正直善良、敢于承担、以人为本的精神。客户关系管理软件的使用和学习，需要同学们不断挖掘客服回复盲区，优化话术和回复环节，不断大胆尝试，根据消费者人群结构的变化，结合本店铺商品的特点进行完善。

技能点一　　了解客户关系管理（CRM）

CRM 是企业为提高核心竞争力，达到竞争制胜、快速成长的目的，树立以客户为中心的发展战略，以客户关系为重点，通过开展系统化的客户统计、优化企业业务流程，提高客户满意度和忠诚度，提高企业效率和利润水平的工作实践。它也是企业不断改进与客户关系的全部业务流程，最终实现电子化、自动化运营目标的过程，它是先进信息技术和管理方法、解决方案的总和。

客户关系管理（CRM）有三层含义。

- 体现为新态企业管理的指导思想和理念；
- 是创新的企业管理模式和运营机制；
- 是企业管理中信息技术、管理方法和应用解决方案的总和。

1. CRM 的分类

根据客户的类型不同，CRM 可以分为"B2B"的 CRM 及"B2C"的 CRM。B2B 的 CRM 中管理的客户是企业客户，而 B2C 管理的客户则是个人客户。提供企业商品销售和服务等需要的 B2B 的 CRM，也就是市面上大部分 CRM 的内容。而提供个人及家庭消费的企业需要的是 B2C 的 CRM。根据管理侧重点不同，CRM 又分为操作型和分析型两种。大部分 CRM 为操作型 CRM，支持 CRM 的日常作业流程的每个环节，而分析型 CRM 则偏重于数据分析。所以 CRM 有很多作用，列举如下。

- 提高市场营销效果；
- 为适时调整内部管理提供依据；
- 使企业的资源得到合理利用；
- 优化客户咨询及响应流程；
- 提高企业的快速响应和应变能力；
- 改善企业服务，提高客户满意度；
- 提高企业的销售收入。

2. 客户服务

客户服务的目的是快速及时地获得问题客户的信息及客户历史问题记录等。这样可以有针对性并且高效地为客户解决问题，提高客户满意度，提升转化率。其主要功能包括客户反馈、解决方案、满意度维护等功能，为提高客服服务水平也起到了很好的作用。在 CRM 中客户是企业的一项重要资产。

客户关怀是 CRM 的中心，客户关怀贯穿了网络营销的所有环节。客户关怀包括如下几方面：客户服务（包括向客户提供商品信息和服务建议等），商品质量（应符合有关标准、适合客户使用、保证安全可靠），服务质量（指与企业咨询接触的过程中客户的体验），售后服务（包括售后的查询和投诉，以及维护和退货退款）。

在所有营销变量中，客户关怀的注意力要放在交易的不同阶段上，营造出友好、激励、高效的氛围。对客户关怀意义最大的四个实际营销变量是：商品和服务（这是客户关怀的核心）、沟通方式、销售激励和公共关系。CRM 软件的客户关怀模块充分地将有关的营销变量纳入其中，便于企业及时调整对客户的关怀策略，使得客户对企业产生更高的忠诚度。客户关怀的目的是增强客户满意度与忠诚度。

3. 管理技巧

客户关系管理注重的是与客户的交流，企业的经营以客户为中心，而不是传统的以商品或以市场为中心。为方便与客户的沟通，客户关系管理可以为客户提供多种交流的渠道。客户包括老客户和新客户，所以做好客户关系管理首要任务就是既要留住老客户，也要大力吸引新客户。

留住老客户的主要方法包括以下几个。

- 为客户提供高质量服务：质量的高低关系到企业利润、成本、销售额。每个企业都在积极探索用什么样高质量的服务才能留住企业优质客户。因此，为客户提供服务最基本的就是要考虑到客户的感受和期望，从他们对服务和商品的评价转换到服务的质量上。

● 严把商品质量关：商品质量是企业为客户提供有力保障的关键武器。没有好的质量依托，企业长足发展就是个很遥远的问题。

● 保证高效快捷的执行力：要想留住客户群体，良好的策略与执行力缺一不可。许多企业虽能为客户提供好的策略，却因缺少执行力而失败。面对激烈的市场竞争，管理者角色定位需要变革，从只注重策略制定，转变为策略与执行力兼顾。

客户满意是指一个人通过对一种商品的可感知的效果与其期望值相比较后，所形成的愉悦或失望的感觉状态。根据客户满意的定义，客户满意度是客户对商品和服务的期望与客户对商品与服务的感知的效果的差距。因此，影响客户满意度的因素有客户的期望值和客户感知价值，而客户感知价值又取决于客户感知所得与客户感知所失的差值大小。所以管理客户的期望，增加客户感知所得，减少客户感知所失是提高客户满意度所需要考虑的问题。

对于客户期望的管理有如下考虑：

● 提高期望值有利于吸引客户购买。

● 期望值定得太低，客户满意度高，但销售量小。

● 期望值定得太高，客户满意度低，客户重复购买的少，因此需要引导客户的期望。

对于增加客户感知价值，有如下途径：

● 增加客户感知所得。

● 减少客户感知所失。

● 既增加客户感知所得，又减少客户感知所失。

技能点二　筛选和管理客户

筛选客户首先需要对客户人群进行分类和赋予标签，这样可以把客户按照某种层次原则进行区分，在进行日常运营的过程中，可以有针对性地进行推广和营销，从而提高营销的准确性和价值。

1. 标签及人群基础功能介绍

（1）基础含义

商家 CRM 商品（即客户运营平台、用户运营中心）在人群能力提供上有标签和人群两类视角。两者区别如下。

● 标签：是基于消费者的元数据（包括行为、特征等）聚类出来的一系列特征，在商家 CRM 商品上是创建人群的基础元素。

● 人群：是通过标签特征或标签间的组叠（交叉）形成的一组具有一致运营目的的人群，只有人群才支持通过商家 CRM 商品投放在店铺、专属、群、短信等各类通道，实现定向人群玩法。

（2）人群相关介绍

人群是通过标签圈选后支持各类渠道应用的用户组，商家可通过人群列表进行人群可用性的管理，并且实现快速进行人群的洞察分析及策略发起。在人群分类上区分为商家自定义人群、官方策略人群、渠道同步人群等。如表 7-1 所示。

● 　商家自定义人群：即通过提供的人群标签进行自主的交叉并形成的可应用人群。

● 　官方策略人群：即通过平台、行业算法直接加工的人群，通过平台数据能力，推动商家直接在主推人群上投入，是实现公域行业人群分配与私域商家人群承接的联动。

● 　渠道同步人群：即来自淘系数据商品的同步，如达摩盘、数据银行及天猫超市等一系列商品。

表 7-1　人群分类

一级类目	类型	说明
自定义人群	排他惟一	通过标签圈选自建的人群
官方推荐	排他惟一	官方系统或官方策略人群
渠道同步	排他惟一	来自数据银行等二方同步人群
行业定制	排他惟一	行业定制的策略人群
店铺收藏	非排他	加特别关注的人群

（3）标签相关介绍

商家 CRM 专注店铺私域（店铺、自主运营渠道）的行为及特征数据沉淀，同时结合商家实际人群应用上的需求，拓宽了个体特征、全网行为等一系列人群标签。通过这些标签，商家可自由进行交叉处理生成可用的人群，并进行页面承接、主动投放等不同的人群运营。

目前商家 CRM 商品将提供的标签区分为 4 大类。

● 　基础信息：即用户的个体行为特征，通过阿里大数据及算法能力聚合的用户基本属性。

● 　店铺关系：即用户与店铺发生的不同关系、导购交易行为等一系列相互关联的属性。

● 　全网属性：即用户在淘系平台的关系、行为、偏好等特征。

● 　行业属性：即由天猫、淘宝行业基于行业属性和目标客群的认知，通过算法聚合加工的用户类型属性。

由于不同标签对商家授权规则不一样，可登录"客户运营平台"查询具体可用标签。商家 CRM 商品内提供上百组的可用标签，其数据来源基本如下。

1）平台层的用户数据，包含消费者的特征、APP 内的搜索浏览等行为、平台关系等。此部分数据会基于一定的安全及合规要求，通过算法聚类的方式形成可用标签特征提供给商家。

2）店铺内的用户数据，包含店铺内消费者的浏览、加购、收藏及交易等行为数据，也包含如会员、粉丝等店铺关系数据。

3）自打标数据，通过客服经过客户列表、客服工具进行单个用户打标形成的数据。

4）外部导入数据，支持商家通过服务商或自研开发的商品，从外部导入一定的用户表形成的数据。

（4）标签明细介绍

标签明细可以分为基础信息、店铺关系、全网属性等，如表 7-2、表 7-3 和表 7-4 所示。

表 7-2　基础信息

二级类目	标签名称	标签定义
人口属性	性别	根据用户淘宝网购数据计算得出
人口属性	年龄	根据客户最近 1 年在淘宝网的行为数据计算预测得出
人生阶段	学生	根据客户的支付宝资料预测得出
人生阶段	孕期预测	根据用户淘宝网购及行为等数据预测得出
地域特征	地理位置	根据最近 180 天用户淘宝收货地址计算预测得出
地域特征	地域	根据最近 180 天用户淘宝收货地址计算预测得出
消费行为	折扣敏感度	通过分析用户折扣订单和营销活动的参与情况得出
资产状态	预测是否车主	根据用户淘宝网购及行为等数据预测得出
资产状态	预测车龄	根据用户淘宝网购及行为等数据预测得出

表 7-3　店铺关系

二级类目	标签名称	标签定义
用户关系	店铺新粉	近 7 天关注店铺的用户
用户关系	淘宝群成员	已加入商家任一淘宝群的用户
店铺行为	收藏商品	客户当前商品收藏夹内存在本店铺商品中的任意一个
店铺行为	加购物车商品	客户当前购物车内存在本店铺商品中的任意一个
店铺行为	商品无收藏	选定自然日内，没有收藏过本店铺商品的消费者
交易行为	首次下单时间	客户在本店的首次下单时间范围
交易行为	付款次数	客户在店铺近两年付款的笔数
交易行为	客单价	单个客户在店铺近两年的付款总金额、总付款次数
交易行为	成功付款金额	客户在店铺近两年成功交易（订单完结）的总金额
交易行为	付款金额	客户在店铺近两年付款的总金额
渠道特征	短信响应度	根据用户点击短信内附带淘短链的数据计算预测得出
渠道特征	品牌号订阅	订阅品牌号的用户
渠道特征	品牌号流失人群	品牌号消息非活跃粉丝，品牌号已无法触达

表 7-4　全网属性

二级类目	标签名称	标签定义
品类行为	叶子类目收藏偏好	根据用户近 30 天叶子类目收藏行为计算得出
品类行为	叶子类目购买偏好	根据用户近 30 天叶子类目购买行为计算得出
品类行为	一级类目搜索偏好	根据用户近 30 天一级类目搜索行为计算得出
品类行为	一级类目点击偏好	根据用户近 30 天一级类目点击行为计算得出
品类行为	叶子类目点击偏好	根据用户近 30 天叶子类目点击行为计算得出
品类行为	叶子类目搜索偏好	根据用户近 30 天叶子类目搜索行为计算得出
品类行为	一级类目购物车偏好	根据用户近 30 天一级类目加购行为计算得出
平台关系	飞猪平台会员等级	客户在飞猪平台的会员等级
平台关系	支付宝会员等级	根据消费者支付宝会员等级区分
平台关系	淘宝淘气值	淘宝淘气值
平台关系	88VIP 人群	筛选 88VIP 人群
平台渠道	聚划算人群	最近 180 天是否购买过聚划算商品

2. 人群功能创建

人群圈选可以通过单个标签创建人群，也可以通过多个标签同时满足多个条件创建人群。

第一步：进入"客户运营平台—客户管理—客户分群"，新建人群入口。左侧为商家可用的标签分类及具体的标签，右侧为推荐的常用标签，如图 7-1 所示。

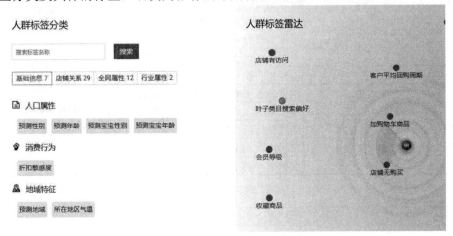

图 7-1　常用标签

第二步：点击圈选人群，进入人群创建面板，如图 7-2 所示。

图 7-2　人群创建面板

第三步：从左侧标签池内，选中需要创建人群特征所对应的标签，并拖动至右侧的面板，点击对应标签配置相应的属性值。以店铺购买为例，选中该标签，并设定为 30 天内的店铺购买用户，点击"确认"即可，如图 7-3 所示。

创建面板内为所选中的标签，可通过删除功能去除选中。可依据业务需要选中一个标签或多个标签。当存在多组标签时，所选人群为同时满足多个条件的用户。

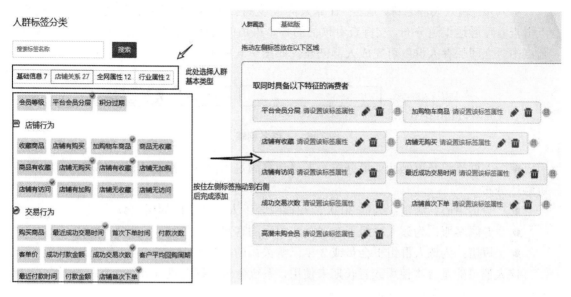

图 7-3　标签选择和添加

第四步：店铺有访问标签及属性的配置，如图 7-4 所示。

图 7-4　访问标签参数设置

第五步：店铺会员等级标签及属性的配置。

标签属性值为必选设置项，属性值如存在多个可选时，为"或"的关系，比如选中"会员等级"标签，属性值勾选普通会员、高级会员，则所创建的该标签的人群为普通会员或高级会员的人群，如图 7-5 所示。

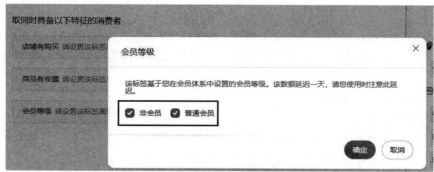

图 7-5　会员等级标签设置

　　第六步：输入人群名称，点击"计算人群"，支持预估当前标签组合创建的人群总规模，点击查看可触达渠道分布，支持查看预估的各个渠道的可触达人群数量。如需使用该人群，则点击"立即保存人群"可完成人群创建，如图 7-6 所示。

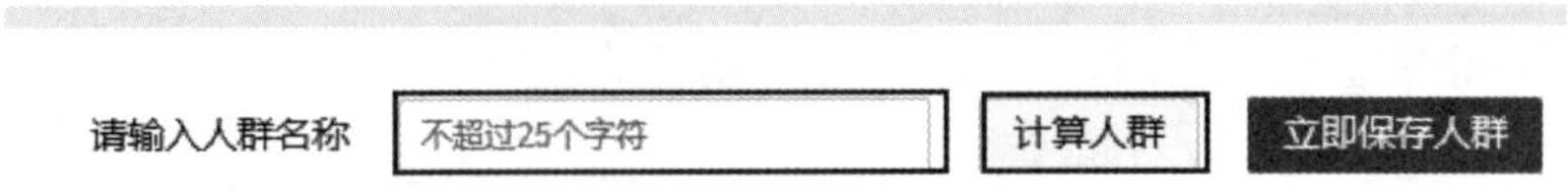

请输入人群名称　　不超过25个字符　　　　　　计算人群　　立即保存人群

图 7-6　人群名称输入

　　● 　人群计算及可触达渠道分布：人群计算满足当前标签组合下的全部用户数的预估可触达分布。

　　● 　会员中心、店铺：为前 30 天内在该组合下人群有访问的用户数。

　　● 　专属客服：为该人群组下专属关注关系的客户数。

　　● 　短信：为该人群组下会员或 2 年已购关系的客户数。

　　该人群可能是首次使用或者长期未使用，系统会对数据会进行计算，系统一般会在 48 小时内产出数据，如图 7-7 所示。

图 7-7　人群分布数据

技能点三　搭建客户互动平台

　　用户运营可以通过数据整合实现更精准、更便捷的会员运营策略制定，持续关注有效会员关系及会员质量提升，通过更加精细化、节奏化的日常运营手段，让会员为店铺持续产生价值。

1. 用户资产及人群管理

（1）商品设置入口

　　进入"用户运营中心→用户运营→自定义人群运营"菜单。

　　说明：商家可基于业务场景通过标签圈选人群包，通过添加"已关注人群"创建自定义人群的运营策略进行运营。

（2）人群管理操作

第一步：商家可针对自己圈选的人群包，添加到"已关注人群"，点击"添加更多关注人群"，查看可以关注的人群列表，如图 7-8 所示。

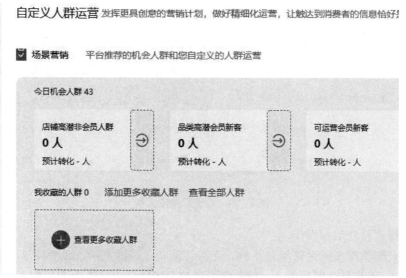

图 7-8　关注人群选择

第二步：选中需要关注的人群，点击"关注已选人群"，选中人群被加入关注列表，其中"关键节点"人群是平台提供营销优选人群，"全部人群"是全部的人群信息，如图 7-9 所示。

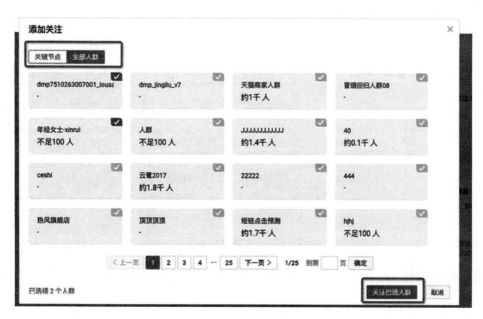

图 7-9　关注人群添加

第三步：添加完成后，在已关注人群列表页面可以看到该人群。可以把不需要运营的人群移除人群列表，点击"管理已关注人群"，查看全部已关注的人群列表。针对已关注的人群可"取消关注"，如图 7-10 所示。

图 7-10　管理已关注人群

（3）人群运营介绍和操作

自定义人群策略按照运营场景不同，支持订阅类（店铺上新、好货种草、分享优惠购、粉丝专享价）、优惠类（优惠券）、店铺类（双 11 大促模块）。选中人群后，点击"发布"按钮即可进行对应运营策略的配置，如图 7-11 所示。

图 7-11　人群策略场景

根据选择的不同运营策略和提示配置不同的投放内容和投放渠道，如图 7-12 所示。

店铺人群海报

图 7-12   投放内容和渠道设置

2. 新客触达

用户运营是基于店铺的消费者资产,从人群视角出发,进行人群全生命周期运营的方法和手段,围绕人群运营目标,从人群模型、运营场景、投放内容、触达渠道、数据效果等角度设计人群运营方案。

(1)人群策略中心

它是基于人群的多种策略和场景的集合,可快速基于数据表现定位需要介入的运营策略。

标准类人群包括潜客、新客、老客、流失客户、粉丝、会员等。

非标类人群包括自定义人群、平台推荐关键节点人群、平台推荐长期运营人群等。

(2)功能设置入口

"用户运营中心→用户运营→新客触达"菜单进入功能设置入口。

(3)功能介绍和操作

新客定义为近 365 天无店铺支付且近 30 天有店铺访问,或近 30 天支付一次且 365 天内首次支付的客户(去重)。

● 新客核心数据查看

可以快速了解店铺新客人群的运营数据表现和同行对比情况,查看新客人群数据资产沉淀和运营情况,包括新增新客人数、新客进店率、新客转化率、新客成交金额,可以详细了解到近一周的新客人群数据的历史趋势,如图 7-13 所示。

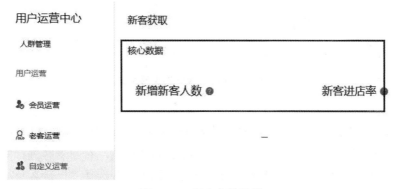

图 7-13   新客人数数据

● 新客运营策略执行

新客的运营阵地核心在店铺，通过新客的店铺人群模块进行主动承接，并结合用户行为动态进行新客的主动触达，推送权益，加持召回力度。

● 运营计划列表

列出可运营的人群策略明细，点击"去完成"可进行详细的运营计划设置。"可触达通道"可以列出该策略运营的消费者触点，如图7-14所示。

图7-14　运营计划设置

● 店铺首页优惠设置

无线首页装修页面添加新客专享模块，右侧配置"基本信息设置"，包括标题、运营的人群、投放的素材（券、商品、文案等）。填写标题后，自动计算当前的新客人群规模。针对新客通过标签组合对人群进行进一步细分，保存新的人群名称后保存发布即可，如图7-15所示。

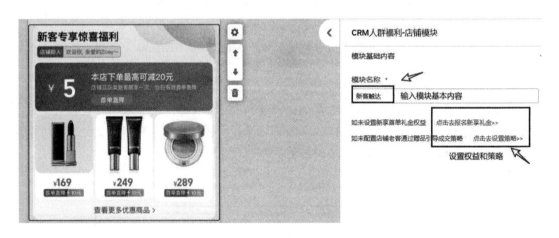

图7-15　无线装修新客专享模块

3. 老客复购

可以实现老客进店的主动触达及店铺承接的一致性，利用赠品提高老客的客单价。适用于较少做价格或券类折让的商家，通过赠品提高品牌价值，召回老客进行复购。营销人群为365天内已在店铺购买过的老客。可以通过CRM后台选择"已购客户满赠召回"进入，之后可进一步编辑精准人群。

● 老客满赠权益的店铺首页设置

第一步：进入用户中心完成赠品活动设置。操作后台入口为"商家中心→用户运营中心→老客复购"，如图 7-16 所示。

图 7-16　老客复购入口

设置策略页面显示老客人群对应的满赠礼品，点击"完成"后进入设置满赠权益创建赠品活动，如图 7-17 所示。

图 7-17　设置满赠等权益

第二步：需要选择定向人群为近一年有成交的访客（必填项），其他按照正常赠品进行创建，如图 7-18 和图 7-19 所示。

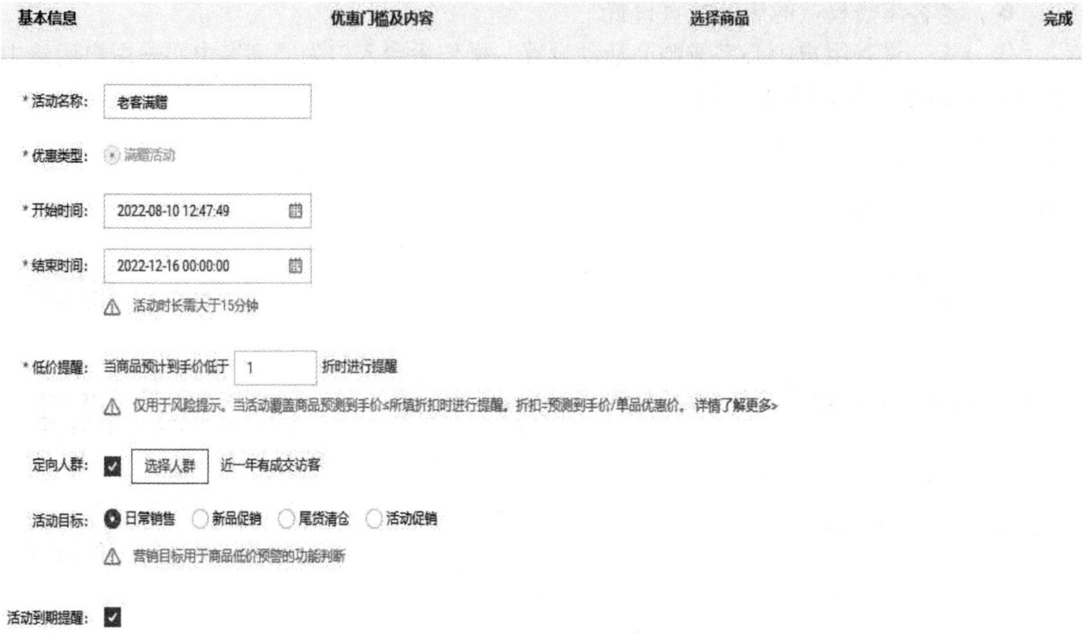

| 基本信息 | 优惠门槛及内容 | 选择商品 | 完成 |

* 活动名称：　老客满赠

* 优惠类型：⊙ 满赠活动

* 开始时间：　2022-08-10 12:47:49

* 结束时间：　2022-12-16 00:00:00

　⚠ 活动时长需大于15分钟

* 低价提醒：当商品预计到手价低于 ［1］ 折时进行提醒

　⚠ 仅用于风险提示。当活动覆盖商品预测到手价≤所填折扣时进行提醒。折扣=预测到手价/单品优惠价。详情了解更多>

定向人群：☑ ［选择人群］ 近一年有成交访客

活动目标：⊙ 日常销售 ○ 新品促销 ○ 尾货清仓 ○ 活动促销

　⚠ 营销目标用于商品低价预警的功能判断

活动到期提醒：☑

图 7-18　老客满赠设置页面

图 7-19　选择合适人群

第三步：完成策略配置，赠品创建完成后，再次进入"老客复购→赠品策略"，可以看到已经创建成功的活动，勾选，如图 7-20 所示。

图 7-20   优惠门槛及内容设置

第四步：选择"推广渠道"至店铺首页，需要填写定时生效时间，截止时间与赠品活动的结束时间保持一致。点击"一键推广"进入旺铺选择页面，选择默认的首页装修模块，也可根据需求选择其他页面，注意不要选择定时发布的首页，如图 7-21 所示。

图 7-21   推送生效时间设置

第五步：选择"官方模块→人群福利"拖拽进右侧，点击"立即发布"，完成配置后进入首页，如图 7-22 所示。

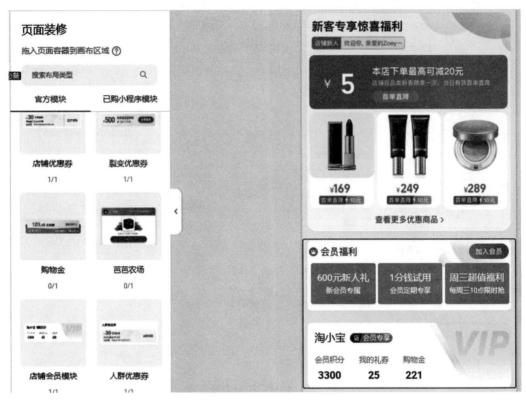

图 7-22　人群福利模块添加

客户咨询端页面效果如图 7-23 所示。

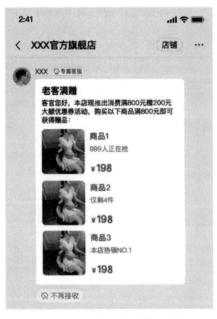

图 7-23　客户咨询端显示效果

4. 粉丝运营

淘宝平台大数据显示，粉丝复购率为非粉丝的 2.6 倍，粉丝购买笔数为非粉丝的 7.8 倍，人均购买金额为非粉丝的 12.2 倍，粉丝运营对店铺的成长至关重要。如果想通过高效运营店铺粉丝来给店铺增加营收，可以对粉丝做内容运营或是制定一些营销策略（促销活动、粉丝专享券，拉人裂变券等），来对用户深度种草或是引导进店促成转化。

（1）粉丝运营设置入口

"用户运营中心→用户运营→粉丝"菜单，如图 7-24 所示。

图 7-24 粉丝菜单

（2）粉丝运营功能介绍和操作

● 粉丝核心数据查看

可以快速了解店铺粉丝人群的运营数据表现并进行诊断建议。粉丝亲密度分层规模分为新粉、成长粉、亲密粉、忠诚粉、衰退粉。粉丝核心指标为粉丝规模、触达率、互动率、成交金额等。

● 粉丝运营策略执行

提供粉丝人群运营的策略任务，可一键进行目标人群的运营计划设置。

● 创建一条运营计划

第一步：配置"基本信息设置"，包括标题、运营的人群、投放的素材（不同的策略可配置的运营素材不同）。

第二步：配置"投放的渠道"，勾选需要投放的渠道并配置渠道的个性化文案等内容。

第三步：点击"一键投放"，完成策略任务的创建并保存。

● 激活方式

通过"客户运营平台"，点击进去再触发人群功能，需要 48 小时后自动激活。

5. 场景运营

（1）短信主动营销

短信营销全链路基于消费者对营销内容的链接点击和之后的行为进行精准的效果统计，能够更好地进行营销活动的诊断和分析，能够灵活地圈选人群，添加访问、收藏、加购标签等，功能强大。一次短信营销活动，发送给 100 人，其中 10 人成交，这 10 人均为通过点击短链（"淘短链变量"生成）引导回店。通过智能发送时间和精准投放，短信进店率平均提升 150% 以上，如图 7-25 所示。

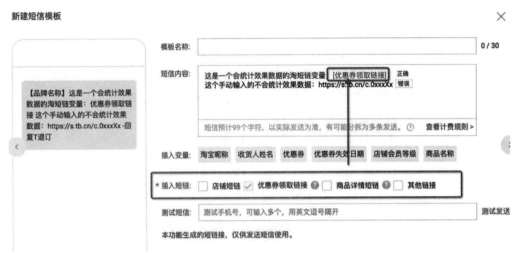

图 7-25　短信营销模板设置

发送营销短信，可以第一时间触达目标客户，告知营销内容，促进客户转化，提升门店成交转化率。具体操作如下。

第一步：登录"客户运营平台"，进入"智能触达"标签页，点击"短信触达"功能入口，如图 7-26 所示。

图 7-26　短信触达功能入口

第二步：点击"立即创建"进入短信营销功能配置新页面，创建计划名称并选择人群，如图 7-27 所示。

图 7-27　创建短信营销计划

第三步：在明确营销目的以后，选择想要营销的目标人群，可以选择一个系统默认的推荐人群，也可以点击添加"新建人群"按钮增加一个新人群。

通过标签组合新建人群保存后，回到短信营销配置页面点击"刷新"按钮，即可选择新建人群。

第四步：选择是否需要使用优惠券。

目前支持的权益为官方渠道优惠券，优惠券为领取式优惠券。

如果不希望添加权益，也可以不进行选择。如果没有合适的优惠券，通过"去补充符合条件的优惠券"新建优惠券即可。

在创建优惠券时，发放数量要大于当前人群总人数，以免造成领取失败。优惠券新建完成后，回到营销配置页面，点击刷新按钮就可以选择新建的优惠券信息。

第五步：选择进行触达的渠道。

确定给客户的优惠权益后，选择通过两种渠道把营销信息传递给客户：短信及定向海报。短信会将营销信息发送至客户的手机上，只能对人群中的成交客户发放。定向海报是在店铺首页放置一个装修模块，可以对选定人群做个性化的展示。可以将两种渠道都选中，增加信息传递的效率，提高转化率。

（2）短信渠道的设置

如果是第一次使用短信功能，需要先创建短信模板，短信的内容均以模板的形式保存，点击"更换模板"进行模板选择，如图 7-28 所示。

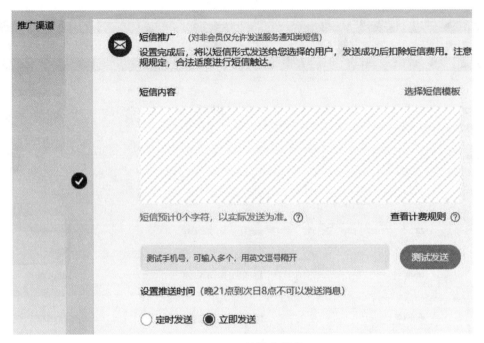

图 7-28　短信推广渠道

在模板选择页面，有自定义模板和官方模板两种类型，自定义模板为自己创建，官方模板为系统预置的默认模板。如果希望自行创建内容，可以点击新建模板或者在短信模板里进行管理。

需要注意的是，如果没有选择优惠券权益，则模板列表只会展示没有优惠券相关变量的模板，以免发送内容错误。

在短信模板管理页面创建新模板后，需要提交审核，短信内容通过后，该模板才能被选择使用。审核周期一般为 1～2 个工作日。如果有紧急使用短信的需求，建议使用官方模板。

选择好模板后，可以在短信编辑页面进行测试发送，查看短信接收效果，短信内容中的变量在测试发送时不会被替换，在正式发送才会替换。短信正式发送有两种时间可以选择：立即发送、定时发送，可以根据需要选择。

（3）海报渠道

选择想要展现的海报内容，在跳转链接里，填写客户在点击海报的时候跳转的地址，选择希望海报投放的时间段，海报将在这个时间内生效，并对人群进行定向展示。如果设置了定向海报，务必要去店铺装修。

打开旺铺后台，进入页面编辑，将"图文类→定向模块"拖拉至旺铺首页醒目位置，点击"保存发布"。旺铺中的定向模块就是客户运营平台里的定向海报，只是叫法不一样，如图 7-29 所示。

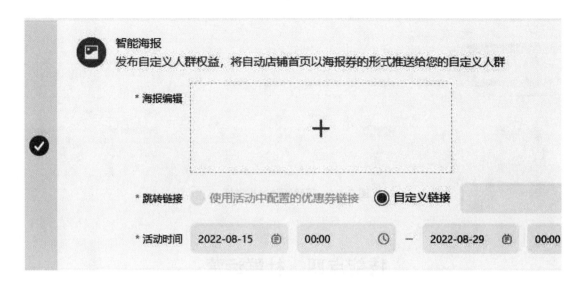

图 7-29　智能海报推广

营销计划配置完成并执行，人群、权益和渠道都设置完成后，设置好策略名称，点击"一键推广"，整个营销计划就创建完成了。

6. 策略及效果

（1）策略效果查看入口

进入"用户运营中心→应用中心→效果数据"菜单，可查看并跟踪人群运营策略的执行结果和数据表现。

（2）策略效果数据

1）展示运营策略的效果数据：可基于"新客触达"、"老客复购"等运营场景分类查看对应的运营策略，也可基于策略标题进行关键字的搜索，如图 7-30 所示。

图 7-30　运营策略效果数据

2）查看策略详细数据：找到对应策略，点击"查看数据"按钮，可查看策略的详细效果数据，如图 7-31 所示。

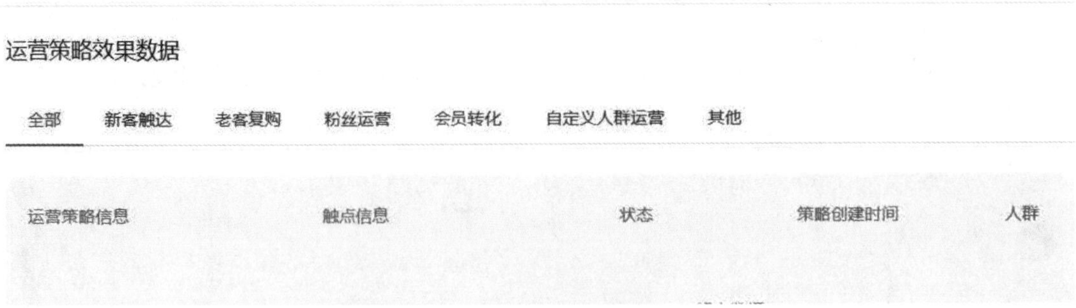

运营策略效果数据

| 全部 | 新客触达 | 老客复购 | 粉丝运营 | 会员转化 | 自定义人群运营 | 其他 |

| 运营策略信息 | 触点信息 | 状态 | 策略创建时间 | 人群 |

图 7-31　策略活动数据详情

技能点四　社群运营

众所周知，当发现了能为自己提供价值的人或事物时，自然是愿意多花精力去关注。目前互联网时代的网红，动辄几百万的粉丝，这些粉丝的存留，一部分靠网红的名气，一部分是靠网红带来的利益。

店铺也是一样的，当有了一定的粉丝基础之后，对于一个社群管理客服而言，如何靠店铺聚集起来的人群和粉丝提高店铺营业额，是需要着重考虑的问题。

1. 淘宝群

淘宝群是价值用户运营阵地，基础数据已覆盖商家量超 35 万，已建立消费者关系数超 3.5 亿，消费者日活数超 1000 万，群 7 天二次回访率超 45%，具有很高的商家端价值，一般具有以下特点。

- 价值用户沉淀：基于 CEM 人群标签圈定，购后页面精准入群。
- 高效触达召回：群内多样化营销工具，手机桌面推送（push）召回效果好。
- 用户互动转化：价值用户连接，提升购买转化与黏性。

（1）消费者入口

系统自动展现在"支付成功页""订单详情页""物流详情页""直播主播页""店铺首页""宝贝详情页"等，客户可以通过这些入口入群，如图 7-32 所示。

（2）商家建群及管理

商家满足店铺状态正常、近 30 天支付宝成交笔数大于等于 90 笔或店铺近 180 天成交金额在 100 万元及以上，即可创建淘宝群。

- 人数上限：普通商家 10 万人群容量，最高群等级商家可有 50 万人群容量。

群组与子群商家创建的为群组，群组下有单个子群，群组设置将复制到该群组下的所有子群上，如入群门槛、自动回复、群公告等。

- 群组：上限 5000 人（可调整，最少为 500 人），群组下为子群。
- 子群：上限 500 人（不可调整），子群为系统自动生成，当第 1 个子群满员后，系统会自动生成第 2 个子群，子群名称为群组名称+序号。

图 7-32　常见群聊入口

入群门槛在建群时设置，可随时调整，调整后群成员不符合新门槛也将继续留在群内，仅对新加入群成员生效。一般入群条件可以选择。

- 关注店铺：关注店铺才可入群。
- 消费金额：本店近一年消费一定金额才可入群（含退款），金额由商家自定义。
- 指定人群：客户运营平台中的指定人群。
- 密码入群：四位数字密码。

（3）群内专属玩法

- 红包喷泉：支持店铺优惠券、现金红包（不可提现，全网通用），多 6 种面额，中奖率按照种类均分，红包优先。
- 支付宝红包：可提现，可在其他店铺使用，支持拼手气红包。
- 淘金币打卡：官方默认支出 10 个淘金币，商家可设置连续 3 天、7 天奖励，支持店铺优惠券、现金红包。
- 限时抢购：群内专享折扣，店内不可见，计入近 30 天最低价。
- 提前购：未上架商品可提前购买，可快速积累新品销量。
- 自动化榜单：自动发送预上新、上新、热卖、售罄与补货的卡片，商家可自行开启与关闭。

玩法活动显示和提醒如图 7-33 和图 7-34 所示。

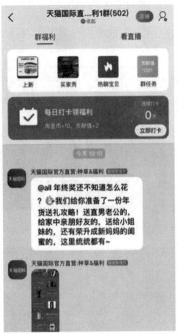

图 7-33　淘宝群群内玩法

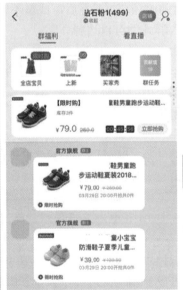

图 7-34　淘宝群活动显示和提醒

2. 分层建群思路介绍

分层建群和管理如图 7-35 所示，一般需要 4 个步骤。

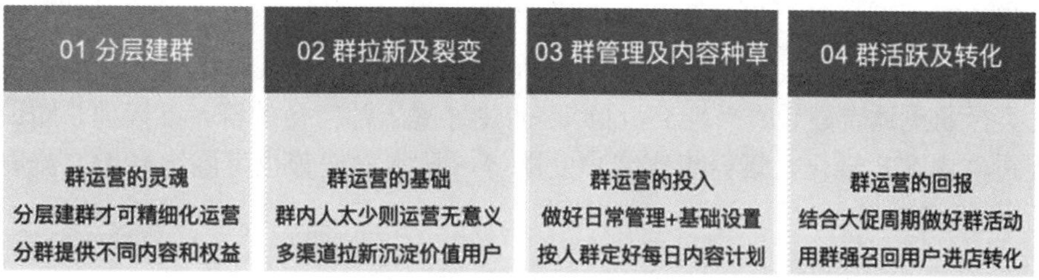

图 7-35　分层建群步骤

（1）根据消费金额分层

"适用商家类型"适合绝大多数商家，"消费者分层"分成"潜客/新客""普通老客""忠诚老客"3 级，群名称可差异化，并设定不同群运营目标、商品推荐策略、权益策略等。"群门槛设计"可按订阅店铺、消费金额两类群门槛来进行设置。例如，店铺 A，平均客单价 200 元，将消费 600 元以上定义为忠实客户，则群分层可以设计如下（表 7-5）。

表 7-5　消费金额分层

群分层	群门槛	目标	商品推荐策略
潜客/新客	快闪群－订阅店铺	活动蓄水	爆款商品为主
	商家群－订阅店铺	成交转化	
普通老客	商家群－消费<600 元	提升复购率	美妆个护可推商品套装+单品爆款
		提升客单价	服饰可推全身搭配+单品爆款
忠诚老客	商家群－消费≥600 元	维持客户忠诚度	爆款、套装、新品皆可，减少常规种草
		产出优质评论、客户秀	增加更多主动关怀和答疑内容

（2）根据会员等级分层

"适用商家类型"适合深度运营会员的商家，"消费者分层"分成初级会员、高级会员、VIP 会员 3 级，群名称可差异化，并设定不同群运营目标、商品推荐策略、会员活动推荐等。"群门槛设计"可使用商家群－指定人群、会员群－已购会员、会员群－复购会员等群门槛。

例如，店铺 B 有初级会员（入会但未购买）、高级会员（成为会员且消费 1 单）、VIP会员（成为会员且消费两单及以上），则群分层可以设计如下（表 7-6）。

表 7-6　会员等级分层

群分层	群门槛	目标	商品推荐策略	优惠福利策略
初级会员	商家群－指定人群	活动蓄水	爆款商品为主	会员专享礼
	会员等级为初级	转化为已购会员		会员新人礼
高级会员	会员群－指定人群	提升成交转化	美妆个护可推商品套装+单品爆款	会员专享券、会员满赠
	会员等级为高级	提升复购和客单价	服饰可推全身搭配+单品爆款	会员新品试用、新品共创
VIP 会员	会员群－指定人群	提升会员忠诚度	爆款+套装+新品皆可，减少常规种草	会员优先购、会员挑战赛等
	会员等级为 VIP	产出优质评论、客户秀	增加更多会员主动关怀和会员服务内容	

（3）根据群主题进行分层

如果店铺是健身、鲜花、宠物、收藏、乐器等细分行业，可以抛开上述两个基础分层方法，此类行业更适合建设"兴趣交流群"，创建订阅店铺门槛的群，以兴趣、知识分享为核心，促进群内客户转化，培养忠实客户复购等，日常群运营也可围绕兴趣交流展开，如表 7-7 所示。

表 7-7　群主题进行分层

群主题	群门槛	定位	群名称	适合商家
兴趣交流群	商家群－订阅店铺	以兴趣、知识分享为核心	成长群、健身群	商品具备功能性、技术性
	快闪群－订阅店铺	培养忠实客户复购促成转化	旅游群、护肤群等	店主或管理员具有丰富的商品经验或技术
活动福利群	商家群－订阅店铺	以优惠和福利为核心	福利群、特价群	客单价低、以爆款、活动为主的快消商家
	快闪群－订阅店铺	粉丝的长期活跃并转化	秒杀群、活动群等	服饰、零食、生活用品等类目商家
老粉老客群	商家群－消费金额	用作老粉、老客的交流管理	后援会、老粉群等	客单价高店铺、中大型品牌店铺、人格化店铺、强风格店铺
	商家群－密码邀约	依靠品牌、商品、人设做转化	以粉丝爱称作为群名	

以上分层思路仅介绍了最基础的 3 层运营方法，粉丝、会员量级超大且有运营能力的商家可根据消费行为、频次、品类进行更细致的分层。

3. 通用商家群

（1）建群流程

千牛 PC、千牛 APP 上暂不支持创建"指定人群"门槛的群，需通过网页版进行创建。入群门槛设置为消费金额、CRM 指定人群时，需要定期（每 15 天至少一次）登录客户运营平台。如长时间未登录，群门槛将失效，消费者将无法加入这类群。若门槛已失效，需尽快登录"客户运营平台"，点击左侧"客户管理→客户分群"菜单，如图 7-36 所示。

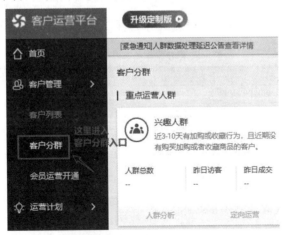

图 7-36　客户分群入口

（2）群网页版后台

进入群网页后台"点此进入"，点击"群组管理→创建新群组"，点击"普通商家群"创建即可。页面如图 7-37 所示。

图 7-37　群组创建入口

（3）千牛 APP 端

千牛 APP 中，进入消息选项下，点击右上角"联系人"，点击"+"，创建群即可。

4. 已购会员群价值用户运营

商家可根据自己店铺情况来进行创建会员群，可用于沉淀优质会员，提升复购与客单，触达率超高。

（1）会员群特点

高门槛群，仅已购会员可加群，匹配会员专属入群邀约页，其主要定位是沉淀店铺的高价值用户。消息触达能力强，群内活动提醒、用户发言、批量群发的商品清单都带有手机淘宝桌面推送能力。由于会员群具有更强的触达能力及用户心智，建议商家将优质已购会员沉淀至会员群，对高价值用户进行精细化、特权化地分层运营（即提供更好的服务和更优的权益），提升其对品牌的黏性，促进其长期稳定消费，如图 7-38 所示。

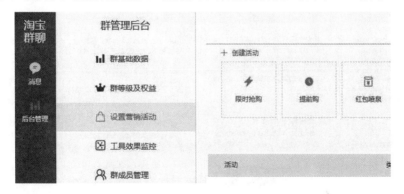

图 7-38　会员群设置入口

用户具有长期运营价值，包括但不限于店铺复购较高、客单价较高、消费者品牌忠诚度较高的商家。有一定的会员体量，并有较为完善会员体系的商家，尤其是已有清晰的用户分层，能够为不同层级消费者提供定制化服务和权益的商家尤其适用。

（2）会员群容量

- 最大总容量：5 万。
- 最多可创建群组数：25 个。
- 每个群组包含子群：20 个。
- 每个子群容纳用户：100 人。

（3）创建群组

第一步：使用主账号或子账号登录新版群后台。

第二步：依次点击"群组管理""创建新群组"，如图 7-39 所示。

图 7-39　创建群组页面

第三步：找到"会员群"模块，点击"立即创建"，如图 7-40 所示。

图 7-40　选择会员群模块

第四步：填写群名称、解散时间、群公告等基础信息，如图 7-41 和图 7-42 所示。

图 7-41　填写会员群信息

图 7-42　会员群门槛设置

第五步：填写完群基础资料后点击"下一步"，将跳转到管理员设置页面。创建群组时至少配置 1 位超级管理员，如图 7-43 所示。

5. 活动快闪群潜力新客运营

快闪群特点是客户加入快闪群将自动订阅店铺，群只能存在一段时间，超过时间后将强制解散，但群消息触达能力强，群发商品清单、活动提醒、客户发言等消息都由手机淘宝桌面推送。商家可以通过该群做活动前的蓄水，活动爆发时通过群强力召回客户完成成交转化，活动结束后解散，没有日常维护成本。

群只能存在一段时间（最长可设置 60 天），到期自动解散。消息触达能力强，群内活动提醒、用户发言、批量群发的商品清单都带有手机淘宝桌面推送能力。

关注店铺即可入群，门槛低，适合运营参与活动或者大促的潜客、新客。活动结束后，商家可通过群转移功能将高价值用户（如已购用户、会员用户等）转至长期群继续运营。

（1）适用商家

● 店铺复购较低的商家。

● 运营人力有限的商家。

● 无长期运营打算的商家。

● 想重点运营某场活动的商家，如双 11 大促、明星联动、会员节等。

群管理员配置

商家可设置店铺子账号为会员群的超级管理员，1个群组最多10个超级管理员。建议商家分为两个方向进行设置，

超级管理员1　　　　请输入子账号名称　　　　　　　∨　　　删除

店铺子账号设置为超级管理员后，可收发此群消息，并投放营销活动

添加标签　　　　　设置

管理员标签将在群内发言时展示在淘宝昵称后，建议根据店铺特性进行设置

图 7-43　超级管理员设置

（2）建群条件

- 日常：群运营等级 L4 的商家可自行创建快闪群；
- 大促：38 大促、618 大促、双 11 大促、双 12 大促前将额外开通报名通道；
- 额外：店铺有特殊营销节点（如品牌节、明星直播联动等）。

6. 直播铁粉群活跃粉丝运营

直播群有固定门槛，仅限直播亲密度为铁粉及以上粉丝入群，优先沉淀价值高的粉丝。匹配超强触达能力，每条消息都由手淘桌面推送，消息触达率高。直播消息可定制，直播开始和回放信息自动同步到群内，提升运营效率。

不同粉丝将推荐不同的群，仅推至直播铁粉群、已购会员群、消费金额群、指定人群门槛群，暂不推至快闪群、订阅店铺群。仅对符合群门槛且从未加入该主播任何群的消费者推送。已加群的不再推送。

（1）直播铁粉群简介

直播群为全新类型的群，主播可用于运营直播间铁粉及以上粉丝，平台提供最强的触达能力，并定制群内相关功能，以期帮助提升直播与粉丝间持久黏性，锁定其在直播间的长期稳定消费。每个主播均有 5 万群容量，头部主播可特别扩容至 20 万。

1）三大功能

- 优质粉丝沉淀：仅限亲密度为铁粉及以上粉丝入群，优先沉淀价值高的粉丝。
- 触达能力超强：群内直播开始消息和商品清单消息均有数字提醒辅以手淘桌面推送，消息触达率高。
- 直播消息定制：直播开始和回放信息等自动同步到群内，提升运营效率。

2）超强触达能力

● 手淘桌面推送：群内直播开始消息和商品清单消息均由手淘桌面推送，可强力召回优质粉丝。

● 手淘－消息回访：群消息将在手淘－消息内通过数字提醒粉丝，可置顶群进行长期回访，如图 7-44 所示。

图 7-44　直播群触达页面

3）直播信息群内自动同步

● 群顶部直播状态：直播预告、直播进行中、直播回放，均在群顶部有显眼展示，提升群引导至直播间效率。

● 群内消息流卡片：当直播开始时、直播结束后，系统将自动推送相关卡片，提醒消费者观看直播或回放，如图 7-45 所示。

图 7-45　直播群内信息同步

4）直播活动群内自动同步

● 同步活动：现仅支持"直播间－优惠券红包"中红包活动，领取条件为不限、关注主播的红包活动暂不同步。

● 同步方式：群顶部将会展示活动信息，点击后进入直播间。群消息流也会自动发送主播红包活动卡片，点击后进入直播间。活动参与提醒，如有消费者点击，将自动在群内生成活动参与小灰条提醒。

● 开启路径：进入智能营销，开启直播红包活动提醒，并选择要同步的群组即可。

5）群门槛说明

● 铁粉及以上：即粉丝与当前主播的亲密度在铁粉及以上，包括铁粉、钻粉、挚爱粉。

● 钻粉及以上：即粉丝与当前主播的亲密度在钻粉及以上，包括钻粉、挚爱粉。

● 挚爱粉及以上：即粉丝与当前主播的亲密度在挚爱粉及以上，仅包括挚爱粉。

（2）通过淘宝主播 APP 创建群

主播登录淘宝主播 APP，进入消息 TAB 页面，点击右上角的创建群，即可进行群的创建。支持子账号建群，建群成功后子账号自动成为群的超级管理员，店铺主账号为群主，如图 7-46 所示。

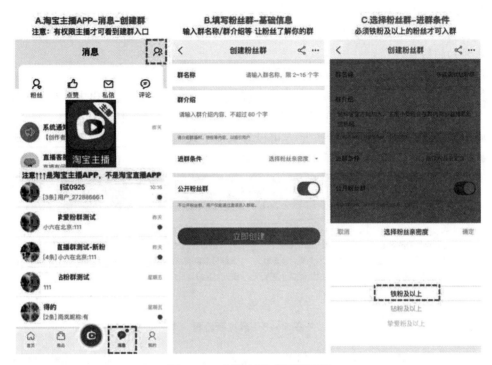

图 7-46　主播 APP 创建群流程

1）直播群聊天基本功能

● 宝贝分享：主播可分享该账号下浏览、收藏、加购、购买过的宝贝到群内，粉丝不可使用该功能。

● 短视频分享：主播可拍摄 15 s 短视频，或者选择手机里已有的短视频发布到群内，分享直播现场或预告信息。

● 拼手气红包：主播可对铁粉发拼手气红包或普通红包，吸引粉丝回群，营造群内氛围。

● 群发消息：支持对所有、部分群组直接群发文字、图片、商品清单、视频等。

直播群聊天基本功能如图 7-47 所示。

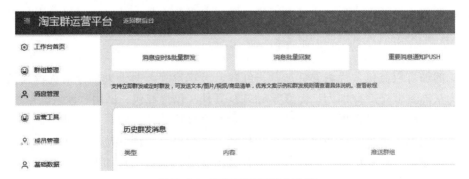

图 7-47　直播群聊天基本功能

2）设置群超级管理员

店铺主账号可登录千牛 PC 客户端、淘宝主播 APP、群网页版后台，在群组设置中添加子账号为超级管理员。

7. 群聊有效拉新

拉新是群运营的基础，商家完成分层建群之后，就要开始进行"引人入群"的工作。如图 7-48 所示，这部分工作分成两方面。

- 渠道布点：消费者在哪些地方可以看到加群入口。
- 权益设计：消费者看到什么样的权益会点击加群。

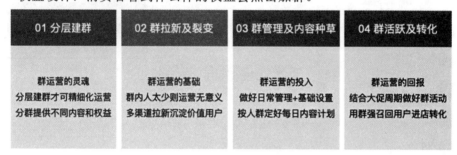

图 7-48　群拉新流程

商家铺设的加群入口越多，入口的曝光越高，设计的权益越吸引人，能够拉到的群成员就越多。那么，哪些地方支持商家进行入口装修呢？哪些权益的转化效率更高呢？

（1）渠道布点

商家建群后，在购后、详情等多个渠道会自动生成加群入口，帮助商家完成群成员的拉新与积累，商家可进行调整和开关，默认展示入口包含：购后页模块、物流页模块、详情页腰封、直播间主播小卡、组件装修类。

除了默认展示的群聊入口，商家还可以主动在店铺首页、商品详情页、客服窗口装修群入口，以提高拉新效率。注意：组件装修为群聊拉新最重要的方式，尤其是商品详情页的组件装修，建议注重群聊运营的商家朋友们都进行投放配置。可投放装修组件的渠道包含：商品详情页、店铺首页、客服窗、会员中心、活动二级页、链接投放类。

在默认展示和组件装修的基础上，若商家有能力也有意愿提升群聊拉新的效率，还可以通过专属客服、短信等消息渠道，定向对用户发送加群链接进行邀约。此外，如果商家有其他触达用户的手段，如外投活动页面、随货发送的宣传卡片，也可以带上加群的链接或二维码，把更多消费者沉淀到群里。

（2）权益设计

常见的加群权益包含优惠券、加赠、红包、专享价等，对于大部分消费者来说，权益的吸引力从高到低排序分别为：优惠券>加赠>其他（包含红包、试用、秒杀、专享价）。除了以上权益，商家还可根据自身的预算和运营策略设置其他奖励，比如进群抽手机、吹风机等，推荐大家多进行尝试并对比效果，找到最适合自己店铺的拉新方法。注意：不管配置了什么权益，一定要记得在加群入口进行突出展示，吸引用户加群。

1）专享优惠券

- 发放方法 1：在新人欢迎礼中配置优惠券，新用户进群后自动收到消息卡片，可直接点击领取。

● 　发放方法 2：商家创建优惠券后选择不公开，把优惠券链接配置在群聊的新人欢迎语当中，新用户进群后自动收到欢迎语，可点击链接领取优惠券，如图 7-49 所示。

图 7-49　群聊玩法展示

2）暗号加赠

● 　适合行业：美妆护肤、母婴亲子、食品等快消行业。

● 　发放方法：在新人欢迎语中说明暗号，用户下单时在订单备注中填写暗号，即可获得专属加赠。

3）现金红包

● 　发放方法 1：设置固定场次的红包喷泉活动，并在新人欢迎语中告知加群用户。

● 　发放方法 2：设置固定场次的拼手气红包，并在新人欢迎语中告知加群用户。

现金红包玩法如图 7-50 所示。

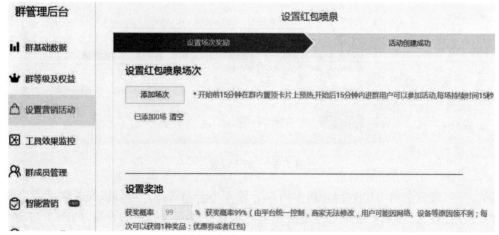

图 7-50　现金红包玩法

4）试用、秒杀、专享价等

发放方法：设置固定场次的限时抢购活动，可以包装为 1 分钱试用、9.9 秒杀、群聊专享价等多种形式，并在新人欢迎语中告知加群用户。

课程思政：诚信服务，提高职业素养

人无忠信，不可立于世。诚信是人生的命脉，是一切价值的根基。孟子也曾说过："诚者，天之道也；思诚者，人之道也。"在课程学习过程中，也要时刻保持诚信服务的态度，对客户的每一次咨询都如实回复，不能欺骗和隐瞒。在店铺的活动促销中需要提前做好规划，让参与活动的客户都能得到优惠，不能出现不负责任的情况。诚信是为人之道、立人之本，要时刻做到诚信服务，提高我们的职业精神和素养。

社会主义核心价值观是凝聚人心、汇聚民力的强大力量。弘扬以伟大建党精神为源头的中国共产党人精神谱系，用好红色资源，深入开展社会主义核心价值观宣传教育，深化爱国主义、集体主义、社会主义教育，着力培养担当民族复兴大任的时代新人。推动理想信念教育常态化制度化，持续抓好党史、新中国史、改革开放史、社会主义发展史宣传教育，引导人民知史爱党、知史爱国，不断坚定中国特色社会主义共同理想。

技能点五　实训案例：淘宝店铺设置网店会员等级

会员等级设置是客户关系管理的重要功能设置，通过此设置可以把新客户转化为店铺会员，并能够进行后期的多次营销和转化，提高店铺的成交额，具体设置步骤如下。

第一步：首先进入"客户运营平台→忠诚度管理→VIP 设置"，点击"修改设置"，如图 7-51 所示。

图 7-51　VIP 设置

第二步：设置会员 VIP 等级，最多可以设置 4 个会员等级，可以以交易额或者交易次数为维度进行设置,需满足层级维度逐级递增才可以完成下一级别的设置,如图 7-52 所示。

图 7-52　等级折扣设置

第三步：普通会员保存之后，若要设置高级会员，应确保是开启状态，可点击右上角的开关，如图 7-53 所示。

图 7-53　等级折扣开启

温馨提示：

需要消费者领取会员卡且符合商家设置的入会等级规则才会成为会员。设置 VIP 折扣，并不意味着会员浏览商品详情页就能看到 VIP 价格，商家可以自由选择某商品是否参与 VIP 折扣活动，因此，一定记得发布商品信息时勾选"参与会员打折"，这样客户才可以在商品详情页查看到会员折扣价格并进行购买，如图 7-54 所示。

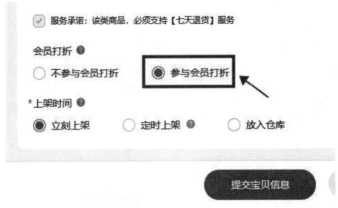

图 7-54　参与会员打折

需要完成的实训任务：

VIP1 等级要求为交易额 50 元，优惠折扣为 9.8 折。

VIP2 等级要求为交易额 80 元，优惠折扣为 9.5 折。

VIP3 等级要求为交易额 120 元，优惠折扣为 9 折。

VIP4 等级要求为交易额 200 元，优惠折扣为 8 折。

按照上述要求设置店铺会员 VIP 等级折扣，并在宝贝编辑页面勾选参与会员折扣。

本章主要是对客户关系管理相关软件和服务进行学习，包括了解客户关系管理、筛选和管理客户、搭建客户互动平台、客服对会员及粉丝的维护等内容。可以掌握客户引入、客户存留、新客户转化、老客户回购和通过社群对客户进行营销等技能，对客服的工作技能进行拓展和提升。

layered	分层
advance purchase	提前购
group	群组
order details page	订单详情页
community	社群
poster	海报
touching	触达
active marketing	主动营销
fans	粉丝
customer	客户

1. 选择题

（1）（   ）是基于消费者的元数据（包括行为、特征等）聚类出来的一系列特征，在商家 CRM 商品上是创建人群的基础元素。

A. 标签　　　　　　B. 人群　　　　　　C. 策略　　　　　　D. 属性

（2）（   ）是通过标签特征或标签间的组叠（交叉）形成的一组具有一致运营目的的人群，只有人群才支持通过商家 CRM 商品投放在店铺、专属、群、短信等各类通道，实现定向人群玩法。

A. 属性　　　　　　B. 人群　　　　　　C. 策略　　　　　　D. 标签

（3）用户与店铺发生的不同关系、导购交易行为等一系列相互关联的属性是（   ）。

A. 基础信息　　　B. 店铺关系　　　　C. 全网属性　　　D. 行业属性

（4）由天猫、淘宝基于行业属性和目标客群的认知，通过算法聚合加工的用户类型属性是（   ）。

A. 全网属性　　　B. 店铺关系　　　　C. 基础信息　　　D. 行业属性

（5）通过发送（   ），可以第一时间触达目标客户，告知营销内容，促进客户转化，提升门店成交转化率。

A. 详情页　　　　B. 店铺首页　　　　C. 营销短信　　　D. 直播

2. 填空题

（1）人群策略中心是基于人群的多种策略和场景的集合，可快速基于数据表现定位需要介入的运营策略。标类人群包括（   ）、（   ）、（   ）、（   ）、（   ）等。

（2）（   ）定义为近 365 天无店铺支付且近 30 天有店铺访问，或近 30 天支付一次且 365 天内首次支付的客户（去重）。

（3）无线首页装修页面添加新客专享模块，右侧配置"基本信息设置"，包括（   ）、（   ）、（   ）。

（4）粉丝核心指标为（   ）、（   ）、（   ）、（   ）等。

（5）如果是第一次使用短信功能，需要先创建（   ），短信的内容均以模板的形式保存，点击"更换模板"进行模板选择。

3. 简答题

（1）客户关系管理（CRM）有哪三层含义？

（2）留住老客户的主要方法包括哪些？

项目 8 客服数据分析

通过客服数据分析项目，了解网店客服的数据模块及具体指标，熟悉各个指标的含义和作用，掌握数据分析的基本分析技巧，具备网店客服数据分析和运用的能力。

- 了解客服数据分析指标的组成；
- 熟悉客服数据分析的规则和逻辑；
- 掌握店小蜜客户数据的查看方法；
- 具备独立使用客服数据分析软件的能力。

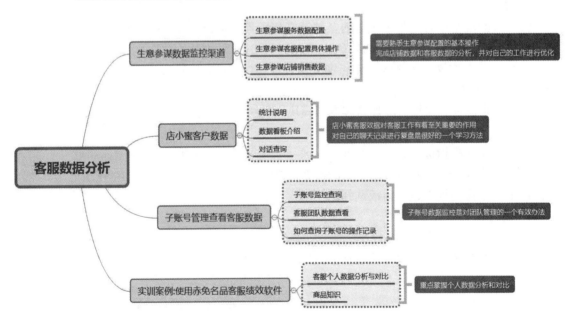

客服数据分析和管理可干预的内容包括客服下单金额、下单转化率、咨询人数、客服工作量及饱和程度、接待人数、消息数、问答比、客服工作量、首次响应时长、平均响应时长、回复率等，提供客户评价数据，分析客服服务质量及客户满意度，可激励客服提升能力，有助于提高客服的销售能力和成单能力。

【任务描述】

通过生意参谋数据监控渠道，分析数据指标，完成生意参谋数据配置；进入店小蜜客户数据后台，查看对话数据，分析客服服务质量；通过子账号客服数据管理，对团队数据进行分析。

技能点一　生意参谋数据监控渠道

生意参谋监控渠道是客服数据的重要查看页面，涉及的指标比较全面，功能比较多。客服岗的所有的参考数据都可以在生意参谋服务模块里查看到，是客服主管和客服常用的数据统计工具。

1. 生意参谋服务数据配置

（1）服务配置

绩效配置灵活的过滤规则和自定义规则，可激励客服提升能力。配置方式为"服务配置→用户权限"，如图 8-1 和图 8-2 所示。

图 8-1　绩效配置

图 8-2　业绩统计设置

（2）业绩统计设置页面指标解释

● 落实下单和落实付款归属的判定：默认按聊天时间判定，不支持修改。在计算客服下单业绩归属和付款业绩归属时，按聊天回合判定。

● 客服业绩判定规则：默认下单优先判定，支持修改。选择业绩判定规则，分别为下单判定、付款判定、下单优先判定。

● 下单判定：最终下单的销售额属于落实下单的客服。

● 付款判定：最终付款的销售额属于落实付款的客服。

● 下单优先判定：最终付款的销售额优先属于落实下单的客服，如果不存在落实下单的客服，那么属于落实付款的客服。

● 询单有效时长：默认 2 天，支持修改。

客户询单后在此配置天数内下单会判为客服落实下单，推荐使用默认配置 2 天，表示客户询单后当日或次日下单均会判为客服落实下单。针对部分类目商家客户询单至下单周期较长的情况，可通过修改此配置以适应店铺的情况。

● 跨天聊天只算一次询单流失：默认开启，不支持修改。

● 客服主动联系不算询单流失：默认关闭。

开启此配置，针对客服主动联系客户进行服务的场景，如果服务后客户未下单，将不会计入询单流失。如果客户成功下单，则计入客服业绩。

● 默认：关闭。

● 如开启，客户首次回复识别天数，默认 1 天。

● 全静默跟进业绩统计：默认关闭。

● 全静默订单：默认在任何判定规则下都不计入客服销售业绩。

对全静默订单，如果需要将业绩判定给客户付款后第一个交流的客服，可以通过开启此统计功能实现。

客户付款后，默认仅客户主动联系客服的跟进有效，通过此配置可以设置客服主动跟进客户是否计算客服业绩，默认不算客服业绩。

（3）接待过滤设置页面指标解释

接待过滤设置页面如图 8-3 所示。

图 8-3　接待过滤设置

● 自家旺旺过滤：默认开启，支持修改。过滤自家旺旺之间的聊天，包括主号与子号、子号与子号的聊天。

● 商家旺旺账号过滤：默认开启，支持修改。

● 自动回复过滤：默认关闭，支持修改。通常客服账号有设置自动回复接待的情况。自动回复期间产生的业绩是与客服无关的，开启此过滤并设置自动回复内容就可以过滤掉。

● 指定旺旺过滤：默认关闭，支持上传。过滤指定的旺旺号，不计为客服接待。例如，过滤经常同客服聊天的非客户旺旺号。开启后，在后面的"配置指定旺旺过滤列表"中添加旺旺即可，支持批量导入。

● 客服转交过滤：默认关闭。

● 句数参数：0 句、1 句、2 句、3 句、4 句、5 句。

● 广告过滤：默认开启。

针对广告等需要过滤的聊天,在识别客户与客服的会话句数内回复所设置的广告暗语，即可过滤，不计入客服的接待。例如，广告暗语默认设置为"恭喜发财"，识别回复句数默认为"3 句"。参数：1 句、2 句、3 句、4 句、5 句、6 句、7 句、8 句、9 句。

● 客户单句过滤：默认关闭。

客户咨询客服一句，客服回复指定句数以上，客户仍然无应答，则过滤，不计入客户接待。关于客服回复句数，正确开启自动回复识别后，自动回复不计入句数。

● 客服单句过滤：默认关闭。一次客服聊天中，若客户回复句数在设定句数内，则此接待过滤。

以下为几个注意事项。

首次添加旺旺，数据从添加当天开始统计，添加后第 2 天可查看旺旺数据。日常使用中增加计算旺旺，数据从添加当天开始统计，添加后第 2 天可查看旺旺数据。

● 售前：主要任务为销售的旺旺号。

● 售后：主要任务为回答售后咨询的旺旺号，不参与销售业绩竞争，不统计销售相关数据。展示的客服相关的数据为客服配置中，选择计算的客服旺旺，未添加计算的客服旺旺不显示和计算数据。

2. 生意参谋客服配置具体操作

第一步：登录生意参谋。

第二步：找到客服配置"服务配置→客服配置"。可在这里设置需要计算的客服子账号，也可以对客服进行自定义分组和展示名修改，如图 8-4 所示。

图 8-4　生意参谋服务入口

第三步：添加旺旺分组。

数据展示页面，可以筛选分组，也可以不设置，默认分组，如图 8-5 和图 8-6 所示。

图 8-5　旺旺分组选择

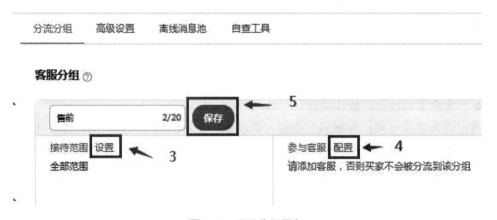

图 8-6　旺旺分组添加

第四步：设置旺旺添加。

单个旺旺添加，选择需进行计算的客服子账号，点击"添加计算"，如图 8-7 所示。

图 8-7　添加客服子账号

确认旺旺类型和旺旺分组，点击"添加"，即完成操作。旺旺类型决定统计的数据类型，售后类型不统计销售相关数据。旺旺分组可在数据查看时分组查看和分析，如图 8-8 所示。

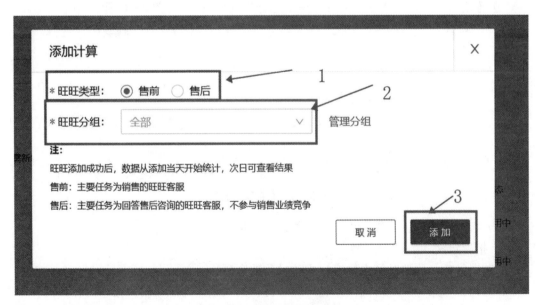

图 8-8　设置旺旺类型添加

右侧可直接点击"管理分组"，增加分组类型，如图 8-9 所示。

图 8-9　添加旺旺分组管理

3. 生意参谋店铺销售数据

（1）店铺浏览量和访客数

1）指标定义

店铺浏览量：店铺各页面被查看的次数，用户多次打开或刷新同一个页面，该指标值累加（包含 PC 端和手机端的所有访问）。

店铺访客数：全店各页面的访问人数，一天内同一访客多次访问会进行去重计算（包含 PC 端和手机端的所有访问）。

2）数据查看方式

"服务绩效→店铺绩效→业绩分析→汇总分析→店铺"，如图 8-10 所示。

图 8-10　流量和访客数

（2）店铺销售额、销售人数、订单数、销售量

1）指标定义

店铺销售额：所选时间内，客户成功付款的金额。

店铺销售人数：所选时间内，客户成功付款的人数，即成交用户数。因存在同一个客户一天内多个订单分别属于客服销售和静默销售的可能，所以店铺销售人数≤客服销售人数+静默销售人数。

店铺订单数：所选时间内，客户成功付款的子订单数。

店铺销售量：所选时间内，客户成功付款的商品件数。

2）数据查看方式

"服务绩效→店铺绩效→业绩分析→汇总分析→店铺"，如图 8-11 所示。

图 8-11　店铺销售额、销售人数、订单数、销售量

（3）店铺客单价、客件数、件均价

1）指标定义

店铺客单价：店铺成交客户平均每次购买商品的金额。店铺客单价=店铺销售额/店铺销售人数。

店铺客件数：店铺成交客户平均每次购买商品的件数。店铺客件数=店铺销售量/店铺销售人数。

店铺件均价：店铺成交客户平均每次购买单件商品的平均价格。店铺件均价=店铺销售额/店铺销售量。

2）数据查看方式

"服务绩效→店铺绩效→专项分析→客单价分析→店铺"，如图 8-12 所示。

图 8-12　客单价、客件数、件均价

（4）店铺每个商品的总销售量、客服销售量、静默销售量

数据查看方式："服务绩效→店铺绩效→专项分析→商品销售分析"，如图 8-13 所示。

图 8-13　商品销售数据

（5）店铺退款数据、纠纷数据

1）指标定义

退款率：近 30 天内，退款成功笔数、支付宝支付子订单数。退款包括售中和售后的仅退款和退货退款。

纠纷退款率：近 30 天内，判定为卖家责任的纠纷退款笔数、支付宝支付子订单数。一笔成交可能会产生多笔退款，每笔退款最多产生一笔责任纠纷。退款包括售中和售后。

介入率：近 30 天内，介入发起笔数、支付宝支付子订单数，介入发起笔数包括卖家发起、客户发起、卖家或客户来电平台帮助发起的介入。

投诉率：近 30 天内，投诉成立笔数、支付宝支付子订单数。

仅退款自主完结平均时长（天）：近 30 天内，仅退款自主完结（售中+售后）总时长、仅退款自主完结总笔数（仅退款中，淘宝小二实际介入处理的退款不会统计在内）。

退货退款自主完结平均时长（天）：近 30 天内，退货退款自主完结（售中+售后）总时长、退货退款自主完结总笔数（退货退款中，淘宝小二实际介入处理的退款不会统计在内）。

纠纷退款笔数：近 30 天内，判定为卖家责任的退款笔数，每笔退款最多产生一笔责任纠纷，一笔成交可能会产生多笔退款。退款包括售中和售后的仅退款和退货退款。

退货退款率：近 30 天内，退货退款成功笔数、支付宝支付子订单数。

纠纷退款笔数：统计时间内，判定为卖家责任的退款笔数，每笔退款最多产生一笔责任纠纷，一笔成交可能会产生多笔退款。退款包括售中和售后的仅退款和退货退款。

成功退款笔数：统计时间内，退款成功笔数。退款包括售中和售后的仅退款和退货退款。

成功退款金额：统计时间内，客户成功退款金额，退款包括售中和售后的仅退款和退货退款

2）数据查看方式

"服务专题→售后维权→维权概况→TOP 退款商品（近 30 天）"，如图 8-14 和图 8-15 所示。

图 8-14　维权概况

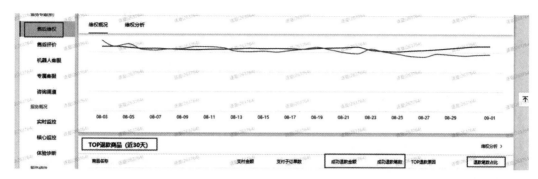

图 8-15　退款纠纷数据

（6）店铺商品负面评价数、负面评价关键词及数量

数据查看方式："服务专题→售后评价→评价概况→TOP 负面评价商品（近 30 天）"，如图 8-16 所示。

图 8-16　负面评价数据

（7）店铺客户咨询渠道来源数据及分析

数据查看方式："服务专题→咨询渠道→咨询渠道→咨询渠道分析"，如图 8-17 所示。

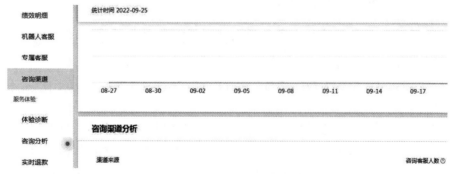

图 8-17　咨询渠道来源数据

（8）商品销售数据

商品销售数据包括每个商品的总销售量、客服销售量、静默销售量。

数据查看方式："服务绩效→店铺绩效→专项分析→商品销售分析"，如图 8-18 所示。

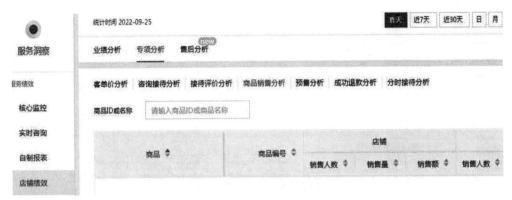

图 8-18　商品销售数据

（9）商品退款金额、笔数、退款占比

数据查看方式："服务专题→售后维权→维权概况→TOP 退款商品（近 30 天）"，如图 8-19 所示。

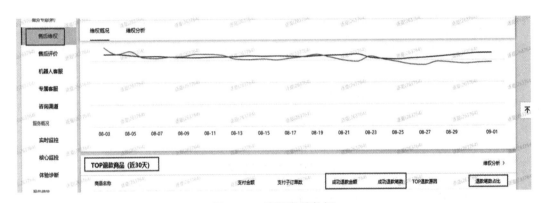

图 8-19　商品退款数据

（10）客服个人销售量和销售人数

1）指标定义

客服个人销售量是从销售件数角度对客服进行的业绩统计，客服个人销售人数是从销售人数角度对客服进行的业绩统计。

客服个人销售量、销售人数均受判定规则影响，不同判定规则下客服个人销售量、销售人数会有所不同，具体如下。

下单判定：客服个人销售量是本客服落实下单且在所选时间段内付款的商品件数。

下单判定：客服个人销售人数是本客服落实下单且在所选时间段内付款的人数。

付款判定：客服个人销售量是本客服落实所选时间段内付款的商品件数。

付款判定：客服个人销售人数是本客服落实所选时间段内付款的人数。

2）数据查看方式

"服务绩效→客服绩效→业绩分析→汇总分析"，如图 8-20 所示。

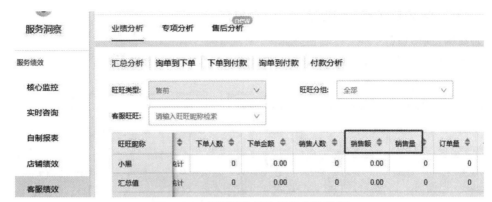

图 8-20　客服销售量和销售人数数据

（11）客服转化率

转化率是考核客服销售服务能力的重要指标，转化率高低直接影响店铺对高质量流量的转化能力。系统提供从询单—付款、询单—下单、下单—付款，以及旺旺成功率（旺旺成功率默认隐藏）4 个维度去分析客服个人的转化率情况。

1）指标定义

询单人数：询单客户是指还未有订单前来咨询的客户。

询单到下单：询单到下单可以通过"询单当日下单转化率""询单最终下单转化率"来评估，其中询单当日下单转化率指客户当天咨询后当天就下单的成功率。询单当日下单转化率=当日下单人数/询单人数；询单最终下单转化率指客户当天咨询后当天或第二天下单的成功率，其值大于等于询单—当日下单成功率，更全面地反映了询单到下单阶段的成功率，两者数值差距不会很大（询单最终下单转化率=最终下单人数/询单人数）。

2）数据查看方式

"服务绩效→客服绩效→业绩分析→询单到下单"，如图 8-21 所示。

图 8-21　客户询单数据

（12）下单到付款

1）指标定义

下单到付款可以根据"下单当日付款转化率""下单最终付款转化率"来评估。

下单当日付款转化率：客户当天下单然后当天付款的成功率。下单当日付款成功率=当日付款人数/下单人数。

下单最终付款转化率：客户当天下单并最终付款的成功率，其值大于等于下单当日付款成功率，更全面地反映了下单到付款阶段的成功率，两者数值差距不会很大。下单最终付款成功率=最终付款人数/下单人数。

2）数据查看方式

"服务绩效→客服绩效→业绩分析→下单到付款"，如图8-22所示。

图8-22　下单到付款数据

（13）客服工作量及排名（平均响应时长、接待时长、问答比等）

1）指标定义

客服工作量分析，要考察以下数据指标。

接待人数：所选时间内，客服接待的客户数（不包括过滤的）。

客服主动跟进人数：所选时间内，本客服接待的客户中由客服主动跟进的人数。

总消息数：总消息数=客户消息数+客服消息数。

客服字数：客服接待客户时发出的消息所包含的中文、英文等字符的总数（新版V6.0不含空格、制表符、换行回车等空白字符）。

旺旺回复率：客服团队的回复率=回复过的客户总人次/总接待人次（此处计算使用的是人次，不会按客户进行去重）。

首次响应时长：客服对客户第一次回复用时的平均值，帮助分析客服的首次响应够不够及时。

平均响应时长：客服对客户每次回复用时的平均值，对客户说了多句然后客服回复的情况，客服的回复被看作对客户所说多句的一个回复，帮助分析客服的响应够不够及时。

平均接待时长：客服接待每一个客户所用时的平均值。平均接待时长=总接待时长（除去超过最长等待时间的时间段）/接待人数。

2）数据查看方式

"服务绩效→客服绩效→专项分析→咨询接待分析"，如图8-23所示。

图8-23　客服工作量数据

（14）客服每个商品的销售数据

可统计每个客服针对店铺内各个商品的销售数据，如果店铺有主打商品，可按商品考核客服绩效。

数据查看方式："服务绩效→客服绩效→专项分析→商品销售分析"，如图 8-24 所示。

图 8-24　商品销售分析

技能点二　店小蜜客服数据

店小蜜客服数据模块，通过店小蜜后台进入，在基础店小蜜配置功能启动之后进行查看，可以清楚地查看到客服各项指标，对客服的工作质量和常见违规点有很好的监控作用，也可以掌握客服所有对话的情况。

1. 统计说明

当客户在服务助手接待阶段，被千牛系统邀评命中，或点击服务评价中的主动评价时，该评分会计算给店小蜜服务助手。

由于服务助手并非店小蜜专属的子账号，故店小蜜在统计评价时，在所有服务助手的评分中，添加了一个限制条件，用户必须在给服务助手评价前 24 小时内，有过跟店小蜜全自动的对话记录，该评价才会被计算到店小蜜的全自动看板中。

客户的评分中，1 分代表非常不满意，2 分代表不满意，3 分代表一般，4 分代表满意，5 分代表非常满意。统计时：1～3 分为不满意，4～5 分为满意。

因此，店小蜜全自动满意度看板中展示的满意度数据，会和千牛客户服务平台服务体验、生意参谋服务洞察中展示的满意度数值有一定的差异。

2. 数据看板介绍

（1）满意度数据统计

整体满意度：店小蜜全自动的客户满意度情况，包括系统邀评和自主评价。

主动评价：消费者通过点击"服务评价"自主评价服务助手接待的数据。

系统邀评：消费者在和店小蜜服务助手咨询后，由千牛系统触发邀评的数据。

当日期选择为多天时，展示的是多天的平均满意度和求和的参评量。评价归属在服务助手的满意度数据，和评价归属在非服务助手的满意度数据对比客户不满意原因分布。

消费者给服务助手评价非常不满意、不满意时，可以继续选择不满意原因，目前有 4 种不满意原因，由千牛设定，无法修改，分别是：答非所问、找不到客服、回复冗长和方案不行。由于选项非必选，因此会有一部分展示为"未评价"，如图 8-25 所示。

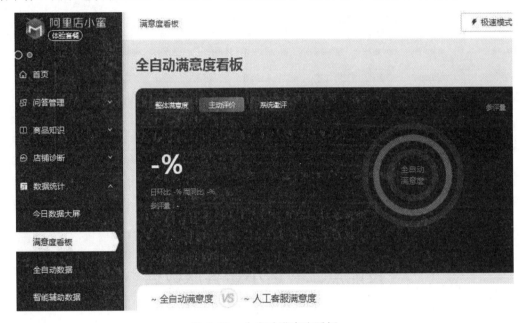

图 8-25　全自动满意度看板

全天分时段满意度：全天 24 小时每个小时的参评量和满意度，可以通过右侧选择区分"主动评价"和"系统邀评"，当两者都选择的时候，每个柱状图通过不同颜色来区分"主动评价"和"系统邀评"。

当看板的日期选择多天时，会把多天每个时间段的参评量求和来计算满意度，可以直观地看到不同时间段的参评量和满意度变化。

（2）满意度场景看板

看板展示了基于店小蜜场景的满意度情况。

消费者的咨询会提问多个问题，每个问题都会命中一个店小蜜场景，通过算法手段为每一咨询定义了一个主场景。

因为满意度评价是基于"一通咨询"给出一个评分的，因此消费者的评分就是这次咨询的主意图。

例如，消费者的一通提问包含 4 个问题，分别命中了"问候""申请退款""OK""谢谢" 4 个场景，店小蜜会认为这次会话的主场景是"申请退款"。用户给这次咨询评价了 5 分即非常满意，则在统计的时候，"申请退款"这个场景会被记录 1 次参评，评价分数为 5 分，评价结果为"满意"，如图 8-26 所示。

图 8-26　满意度场景看板

除按注意图计算外，还可按 chat（一次对话）维度计算。

消费者的一通咨询（1 个 session）会提问多个问题，每个问题都会命中一个店小蜜场景，用户发送一个问题，店小蜜回复一个问题，算一个 chat（一次对话）。一个用户的一通咨询中会包含至少 1 个 chat，也可能包含多个 chat。因为满意度评价是基于"一通咨询"给出一个评分的，通过上述的"主意图"来计算满意度的时候，可能会有一些意图被忽略掉，因此店小蜜还提供了根据 chat 维度的满意度统计。

例如，消费者的一通提问包含 4 个问题，分别命中了"问候""申请退款""OK""谢谢" 4 个场景，用户给这通咨询评价了 5 分，则在统计的时候，4 个场景各会被记录 1 次参评，评价分数为 5 分，评价结果为"满意"，在 chat 维度计算的统计表格中，这 4 个场景的参评量就会都被+1，因此，这里的参评量相加不等于店铺的参评量，如图 8-27 所示。

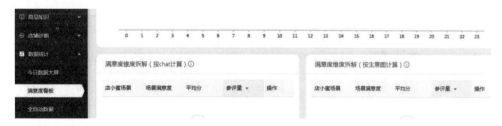

图 8-27　满意度维度数据

3. 对话查询

在这里可以查询过往 15 天店小蜜全自动接待的对话中，所有被客户评价的对话信息。

如果展示"未评价"，代表用户的打分是满意的，没有不满意原因可选，或是用户的打分是不满意的，但是没有选择具体的不满意原因。消费者的一通咨询可能包含多个提问，因此在通过客户账号搜索的时候，会搜出同一个客户账号的多条记录，原因是每一个客户问的问题都会记录一个场景。暂时无法按照不满意原因筛选对话，如图 8-28 所示。

图 8-28　自定义对话数据

技能点三　子账号管理查看客服数据

子账号管理后台页面是可以对客服对话和客服操作记录进行查看的，功能比生意参谋和店小蜜相对较少，主要是对子账号操作和服务进行查看和监管。

1. 子账号监控查询

查看店铺内账号与客户的聊天记录（近 3 个月）。需要进入"卖家中心→子账号管理→监控查询→聊天记录"，输入要查询账号全称和时间段后点击"查询"。

在"子账号管理→监控查询"查看子账号聊天记录显示为空，则表示该条消息是手淘上发送的商品、核址等卡片类消息，并非文本文字，监控记录不支持展示此类卡片信息，如图 8-29 所示。

图 8-29　子账号聊天监控

2. 客服团队数据查看

在千牛中查看店铺内其他账号与客户的聊天记录。用主账号进入"卖家中心→子账号管理→员工管理"找到该子账号，点击"修改基本信息"，勾选"共享团队聊天记录"和"共享该账号聊天记录"，点击"保存"，设置开启共享聊天记录后可查看开启之后的聊天内容，之前的聊天记录是无法查看的，如图 8-30 所示。

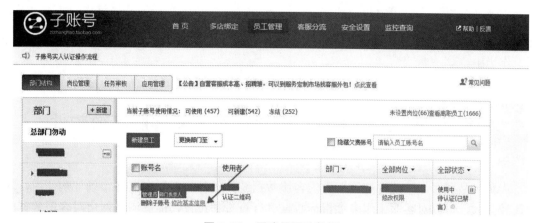

图 8-30　子账号团队数据

3. 如何查询子账号的操作记录

主账号登录"卖家中心→子账号管理→监控查询",输入被查询的账号名称进行查询搜索,可查询操作店铺功能、聊天记录以及千牛发起服务评价、客户回复评价的数据,如图 8-31 所示。

图 8-31　子账号操作记录查询

温馨提示:

子账号要查询店铺内其他账号的聊天记录(操作日志和服务不支持查询),需要主账号授权。

授权方式:用主账号在"卖家中心→子账号管理→员工管理"中找到需要授权的子账号,点击"修改权限",在官方功能右侧点击"修改权限",勾选"子账号管理"下的"监控查询→聊天记录"。

课程思政:勤于动脑,增强实践能力

纸上得来终觉浅,绝知此事要躬行。知行合一,止于至善。孔子也曾说过:"学而不思则罔,思而不学则殆。"在课程学习过程中,要勤于动脑思考,分析各种数据指标下代表的含义，通过现象看到本质和规律。在学会基本的思维方法之后，更要付之于行动。只有勇于实践，才能使我们不至于止步于纸上谈兵，而是切切实实地提高专业技能，更好地应用到工作当中。

技能点四   实训案例：使用赤兔名品客服绩效软件

赤兔名品客服绩效软件是第三方的客服数据统计软件，可以在服务市场订购使用，功能比较强大，可以对客服工作多项指标数据进行查看和设置，能够满足网店对客服数据的需求，是很好的实训软件。

1. 客服个人数据分析与对比

（1）客服销售额和销售占比

客服个人销售额是最关注的客服业绩指标之一，综合反映了客服的业绩表现。客服个人销售占比则反映了个人对客服团队的贡献大小。客服个人销售占比＝本客服销售额/客服团队销售额。注意：客服个人销售额受判定规则影响，不同判定规则下客服个人销售额会有所不同，具体如下。

下单判定下：客服销售额是本客服落实下单且在所选时间段内付款的金额。

付款判定下：客服销售额是本客服落实所选时间段内付款的金额。

数据查看方式："客服绩效→综合分析→汇总"，如图 8-32 所示。

图 8-32   赤兔名品客服销售数据

（2）客服成功率

成功率是考核客服销售服务能力的重要指标，成功率高低直接影响店铺对高质量流量的转化能力。

系统提供从询单－付款、询单－下单、下单付款以及旺旺成功率（旺旺成功率默认隐藏）4 个维度去分析客服个人的成功率情况。

询单－付款，可以从"询单－次日付款成功率"和"询单－最终付款成功率"来评估，其中"询单－次日付款成功率"指客服当天咨询后，当天或第二天付款的成功率；"询单－最终付款成功率"指客服当天咨询后，并且最终付款的成功率，其值大于等于"询单－次日付款成功率"，更全面地反映了询单到付款阶段的成功率，两者数值差距不会很大。

数据查看方式："店铺绩效→专项分析→成功率分析→询单到付款"，如图 8-33 所示。

图 8-33 赤兔名品客服成功率数据

（3）客服客单价、客件数、件均价

客服个人客单价：通过客服个人服务成交的客户，平均每次购买商品的金额。客服客单价=客服销售额/客服销售人数。

客服个人客件数：通过客服个人服务成交的客户，平均每次购买商品的件数。客服客件数=客服销售量/客服销售人数。

客服个人件均价：通过客服个人服务成交的客户，购买单件商品的平均价格。客服件均价=客服销售额/客服销售量。

注意：因客服间的业绩归属受判定规则影响，因此客服个人客单价、客件数、件均价均受业绩判定规则影响。

数据查看方式："客服绩效→专项分析→客单价分析"，如图 8-34 所示。

图 8-34 赤兔名品客服客单价数据

（4）客服工作量

客服工作量分析主要包括以下数据指标。

接待人数：所选时间内，该客服接待的客户数，不包括过滤的。

总消息数：总消息数=客户消息数+客服消息数。

客服字数：该客服接待客户时发出的消息所包含的中文、英文等字符的总数（新版 V6.0 不含空格、制表符、换行回车等空白字符）。

最大同时接待数：在所选时间内，该客服同时接待的最大值。

同时接待：一个客服在某一时刻前后 2 分钟内有聊天的客户数。客服同时接待的详细数据可以通过接待压力分析查看。

旺旺回复率：客服个人的旺旺回复率=回复过的客户数/接待人数=（接待人数－未回复人数）/接待人数。

首次响应时间：客服对客户第一次回复用时的平均值，帮助分析客服的首次响应够不够及时。

平均响应时间：客服对客户每次回复用时的平均值，对客户说了多句然后客服回复的情况，客服的回复被看作对客户所说多句的一个回复，帮助分析客服的响应够不够及时。

数据查看方式："客服绩效→专项分析→工作量分析"，如图 8-35 所示。

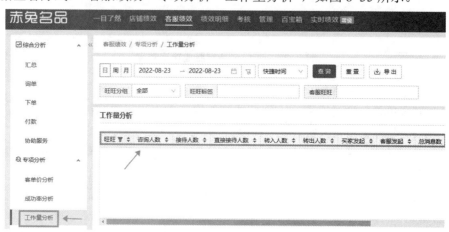

图 8-35　赤兔名品客服工作量数据

（5）客服手工调整金额和邮费

客服可以对商品价格进行调整以促使交易完成，系统提供了客服相关的调整金额统计。

数据查看方式："客服绩效→专项分析→议价能力分析"，如图 8-36 所示。

图 8-36　赤兔名品客服手动调整数据

（6）客服退款金额和退款件数

系统按照对应的判定统计客服的退款金额和退款件数，统计的规则是业绩算谁头上，退款就算谁的。

数据查看方式："客服绩效→专项分析→退款情况分析"，如图 8-37 所示。

图 8-37　赤兔名品客服退款数据

2. 商品知识

"赤兔名品商品详情－商品知识"显示当前商品关联的问答场景，答案中商品属性变量用具体的属性内容替换，替换成功、失败均需高亮提示。商品列表编辑说明如下。

（1）统计：近 7 日咨询、近 7 日销量统计数据正确。

（2）搜索项：状态、店铺分类、商品分类下拉框信息查询正确，且对应的查询结果正确。

（3）按状态、店铺分类、商品分类、商品名称、商品编号，查询正确。

（4）查询优先级正确：显示所有待补全属性的商品>商品编号>其他的查询项。

（5）点击重置按钮，查询项按照默认数据显示，包括列表顺序。

（6）商品的状态显示正确（仓库中、出售中）。

（7）点击关联知识、关联活动、关联属性、尺码表、详情下的数据，跳转页面正确。

（8）列表默认按照近 7 日咨询倒序排序，近 7 日咨询、近 7 日销量排序顺序正确。

（9）鼠标移动到每一行商品信息栏时，ID 处显示复制 ID 的 icon，且复制出的 ID 正确。

（10）点击"显示所有待补全的商品"，商品列表信息展示正确。

（11）商品属性应答开关显示及功能正确。

（12）开关关闭时，命中问答场景且含有属性和指定商品的场景，回复无答案策略。

（13）开关开启时，命中问答场景且含有属性和指定商品的场景，回复指定话术。

本项目主要对客服工作的各项指标进行数据查看和分析，可以更好地通过经由不同渠道掌握的数据对客服工作质量进行评估，例如通过生意参谋服务模块、店小蜜数据模块、子账号后台等页面进行查看。每个模块看到的数据不尽相同，但是都可以从某些层面进行反馈。客服主管或者客服本人都可以查看自己的工作情况，并对自己的不足进行针对性改正。

refund amount	退款金额
total messages	总消息数
average transaction value	客单价
inquiries	询单
data	数据
satisfaction	满意
bulletin board	看板
index	指标
customer service conversion rate	客服转化率
after sales evaluation	售后评价

1. 选择题

（1）（　　）最终付款的销售额属于落实付款的客服。

A. 下单判定 　　　　　　　　　　B. 付款判定

C. 下单优先判定 　　　　　　　　D. 询单有效时长

（2）（　　）是默认关闭、支持修改的。通常客服账号有设置自动回复接待的情况。自动回复期间产生的业绩是与客服无关的，开启此过滤并设置自动回复，内容就可以过滤掉。

A. 商家旺旺账号过滤 　　　　　　B. 自动回复过滤

C. 指定旺旺过滤 　　　　　　　　D. 自家旺旺过滤

（3）（　　）是考核客服销售服务能力的重要指标，转化率高低直接影响店铺对高质量流量的转化能力。

A. 转化率 　　　　　　　　　　　B. 客单价

C. 营业额 　　　　　　　　　　　D. 跳失率

（4）当客户在服务助手接待阶段，被千牛系统（　　）命中，或点击服务评价中的主动评价时，该评分会计算给店小蜜服务助手。

A. 邀评 　　　　B. 设计 　　　　C. 应用 　　　　　　D. 自动

（5）（　　）是通过客服个人服务成交的客户，购买单件商品的平均价格。

A. 客服个人件均价 　　　　　　　B. 客服个人客件数

C. 客服个人客单价 　　　　　　　D. 以上都不是

2. 填空题

（1）绩效配置灵活的过滤规则和自定义规则，可激励客服提升能力。配置方式为"服务配置—（　　）"。

（2）（　　）是店铺各页面被查看的次数，用户多次打开或刷新同一个页面，该指标值累加（包含 PC 端和手机端的所有访问）。

（3）（　　）指全店各页面的访问人数，一天内，同一访客多次访问会进行去重计算（包含 PC 端和手机端的所有访问）。

（4）（　　）所选时间内，客户成功付款的人数，即成交用户数。因存在同一个客户一天内多个订单分别属于客服销售和静默销售的可能，所以店铺销售人数≤客服销售人数+静默销售人数。

（5）（　　）指店铺成交客户平均每次购买商品的件数。店铺客件数=店铺销售量/店铺销售人数。

3. 简答题

（1）接待过滤设置页面指标包括哪些？

（2）生意参谋客服配置操作分几步，具体有哪些？

项目 9 客服管理与绩效考核

通过客服管理与绩效考核项目的学习，了解基本的客服管理规则和制度，熟悉客服管理的绩效考核规则，掌握客服绩效明细的制定方法，具备合理利用客服管理和绩效规则，成为一名优秀客服人员的能力。

- 了解客服团队管理规则；
- 熟悉客服绩效考核的质检点设置；
- 掌握绩效量化考核的要求和规则；
- 具备合理利用考核和激励规则提升自己客服服务水平的能力。

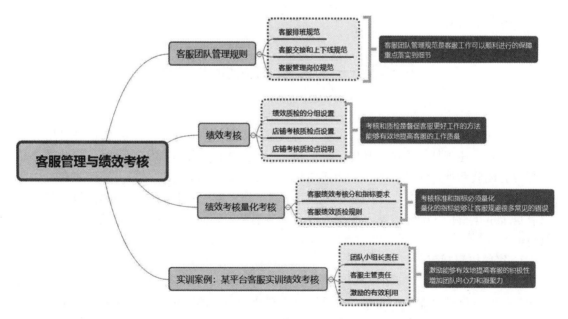

　　小张的店铺报名了618大促活动，所有工作都准备好了，包括活动报名、审核、活动商品基本设置、活动商品库存准备、发货环节等，但是不知道客服部门具体能不能承受巨大的咨询压力。于是小张召集了所有的客服部门人员进行了大促前的部署。通过科学的方式管理客服团队，进行详细、明确的职责划分，进行售前客服、售中客服、售后客服的分组，调试软件使各部门的沟通流畅，培养团队的默契和凝聚力。

　　618大促活动开始了，在小张的安排下，客服团队接待人数近10万人，各项指标均在优秀范围，客户售后和投诉也及时得到了处理和解决，经受住了大促的考验，积累了宝贵的经验。由此可以看出，只要进行科学、合理的安排和管理，让团队各司其职，就可以达到一个高效率状态，也可见科学团队管理对客服岗位的重要性。

【任务描述】

　　客服人员对网上店铺是非常重要的，店铺要获得比较好的发展效果和势头，对客服人员的素质要求是非常高的。因此，网店经营者需要了解客服人员工作规律，制定有效的管理方法和绩效考核制度。

　　团队的管理对一个企业来说是至关重要的，网店亦是如此，客服团队管理的好坏决定了整个店铺能否正常运行。其作用是枢纽，是纽带，是节点。在实际的店铺运营过程中遇到过哪些管理的好方法，可以一起交流、学习。

技能点一　客服团队管理规则

　　想成为一名优秀的客服，一个最基本的要求就是按照规则办事，有热情，并且用心做事。如果经常违规且做事偷懒马虎，很难精通工作，更没法把客服工作做好。除此之外，还需要有团队精神，懂得合作，才能在团队合作中成长；懂得维护公司声誉，才会更加努力去提高自己能力。优秀员工总是有积极主动的工作态度，并且总是乐于和勇于承担责任。只有勇于承担责任才会更成熟，比别人拥有更多的经验。而丰富的经验也是优秀员工所要具备的。

1. 客服排班规范

　　为了保证在消费者咨询的时间段内客服能够有足够人力承接，也需要对客服进行早晚班的安排，以便满足业务的需要。但是同时也要兼顾员工的需求，只有提前建立排班的激励措施，在排班前充分收集员工的需求，并在无法满足的时候，与员工做好充分的沟通工作，这样员工才能接受并且理解。可以从提前说明、信息整合、员工沟通、排班激励4个方面入手进行排班。

（1）提前说明

1）在排班前期，客服组长先和排班人员反馈特殊休假人员（如病假、事假），以及特殊日期的休假需求。

2）提前公布每月排班原则，说明工时多少，可休几天，线路常规忙闲时每班可休人数。

3）由客服组长在团队中宣读解释，让员工心里有个预期。

4）对新入职的员工，要向其说明客服行业特殊性，会存在倒班及节假日上班等情况，适当降低员工的期望值。

（2）信息整合

1）用统一的模板收集员工的需求，对于重要的假期，建议员工提前口头沟通说明。

2）对于一天多人的申请，让员工之间自行协商后确认最终申请人数。

3）客服组长平时也要多了解员工的个人情况，要适当让员工休周六或周日，家里有重要事的，可优先考虑。避免员工因排班的问题影响工作。只有充分了解员工的情况后，才能在排班的时候做到心中有底，综合权衡。

（3）员工沟通

1）早出排班初稿，给予适当时间让员工反馈对初稿的意见，再进行适当调整，对无法调整的休息对员工说明原因，避免发生误会。

2）在员工确实有重要的假期需求，但休息名额不足的情况下，与其他团队协调名额资源，即使最后无法实现，相信员工能感受到客服组长的用心。

（4）排班激励

1）激励排班优先制。建立员工额外工作价值档案，对积极参与团队管理，或者在接待量大时加班积极、文化活动参与中表现优秀的员工进行加分，排分高者优先获得排班的资格。

2）排班差异化满足，对员工申请假期的需求次数、节假日休假等进行公示，并在节假日排班时以先后排序作为参考。相同条件下，优先排少休假期的员工。

2. 客服交接和上下线规范

（1）客服交接规范

1）接班人员要提前达到工作岗位，做好交接班准备。

2）交接班人员必须严肃认真，交接要详细、明确、并当面履行交接手续。

3）值班过程中发生的问题，应在本班中积极想办法解决并报告相关领导。在交接过程中发生的问题，由交班人员负责处理后再进行交接。接班人员应积极协助，尽快处理完毕。

4）值班人员换班一定要事先征得相关人员同意后方可进行，若因换班造成脱班现象，双方均应承担责任。

（2）客服上下线规范

1）上线前

回顾昨天和客户沟通情况，未跟进的上线后及时跟进（标星）。浏览店铺首页，查看店铺活动是否有变更，并及时更新常用短语。如果对活动玩法不清楚或者发现页面价格和实际销售不一致，及时反馈给运营，运营处理后将结果同步给团队成员。

2）下线前

记录需要跟进处理的问题，交接给下一班次的客服，如果能自行解决的尽量自行处理，切勿给下一个班次的同事造成麻烦（如晚上有交接班次，登记交接表，让次日上班的同事及时处理）。

和所有客户礼貌结束所有会话后，方可下线。

3. 客服管理岗位规范

（1）客服管理岗位职责

1）客服主管

● 建立健全各项规章制度，完善业务流程。执行上级安排的各项任务的实施管理，维持客服部正常的工作秩序。

● 对客服团队人员进行培训，提高业务素质及服务水准。

● 负责安排客服工作班次、考勤和业绩考核工作。

● 关注店铺库存情况，如果缺货则及时上报给运营。

● 关注售前客服的订单有效性和每日完成业绩，跟进分析报表数据，优化服务流程，提高转化率。

2）客服组长

● 全方位优化客服专员服务质量，对客户服务满意度进行跟踪及分析。

● 客服聊天记录监控，针对客户常见及共性问题及每期推广活动，不断更新话术。

● 及时处理客户疑问并处理各种投诉及突发事件。

● 有分析以及培训能力，配合培训组提高新老员工的综合素质，乐于分享和分析，让团队成员共同进步。

● 根据反馈的商品与使用问题，与商品技术运营部门对接并跟进解决。

（2）绩效设定和考核

绩效管理是客服管理中的重要组成部分。绩效设定是否合理，关系到考核结果，考核结果又影响团队业绩提升。依据绩效所显示的指标，才能找到团队的短板，对症下药，继而让整个团队进行优化。而目前绩效管理是很多商家的痛点，因为商家在面临团队考核的时候显得无从下手，不知道哪些考核指标对于团队考核起到关键性作用、不同指标又如何设定权重。因此，制定科学的绩效管理方案尤其重要。

绩效考核可以分为个人考核和团队考核两种模式。

1）个人考核模式更关注个人绩效排名。

2）团队考核适用于规模较大的客服团队，有两个及以上的客服小组的商家，可每月为客服小组制定业绩目标，进而拆解到个人维度。

售前客服以促进销售、提高转化为目标，以销售额、转化率、响应时长、客单价、客件数、服务评价、服务满意率、答问比等几个维度进行考核。

售后客服的职责为提高客户满意、降低退款率，以平台考核指标、工作流程、处理时效等进行考核。

（3）客服轮岗机制

在一个电商企业内部，客服团队人员流动性较大，产生这一现象的主要原因：一是对于客服岗位的认知停留在基础底层岗位，认为薪资相对较低，故工作积极性不高；二是许多年轻人个性较强，敢于尝试新事物，希望走出去，了解和学习新知识，更希望尝试客服岗位以外的工作内容。所以一个企业除了有完善的绩效考核标准，清晰的职业晋升通道，还需要建立轮岗转岗机制。

轮岗机制主要针对有一定工作年限且业绩表现良好的员工。常见的轮岗形式有晋升性轮岗和经验拓展性轮岗。晋升性轮岗能够让员工具备更积极主动迎接挑战的能力和信心。经验拓展性轮岗是企业为了增强员工综合能力、减少员工的岗位倦怠以及推进骨干员工一专多能、降低离职风险等因素设置的。

制定轮岗计划时要综合各种因素，考虑多种维度。

- 轮岗岗位：明确岗位要求。
- 关键任务：确保轮岗目标实现且胜任岗位的关键行为。
- 轮岗期限：确保轮岗目标实现所必须花费的整体时间。
- 轮岗重点：确保轮岗目标实现，对于关键任务的资源分配进行特别关注。
- 导师资源：为轮岗员工配备的导师。
- 轮岗效果评估：考察目标是否达成，未达成进行原因分析，对轮岗员工进行能力评估，需由本部门主管和轮岗部门主管共同执行。

技能点二　绩效考核

客服主管或者客服经理想要有效掌握客服工作情况，就需要制定奖惩制度和合理分配客服工作。如果不能及时掌握客服工作状态，会导致店铺销售力差和不断的客损，给店铺造成损失。有了绩效考核制度，就可以解决这些问题，不但能提振客服服务热情，也能更好地管理客服。

1. 绩效质检的分组设置

第一步：签约。

首次登录质检培训平台需要使用主账号或用有千牛团队管理权限账号登录并签订协议，完成后，就能正常登录使用。路径为"阿里店小蜜→质检培训"。

第二步：设置账号角色。

完成签约后，系统会自动同步千牛客服账号数据，同步后如果千牛有新增或删除、冻结账号，都会自动同步到质检培训后台，质检培训后台仅显示正常使用状态的账号。

每个在质检培训后台显示的账号都会被分配对应的角色，角色分为 3 种。

- 管理员：所有页面均能查看和操作（初始化被同步的主账号或由千牛团队管理的账号默认分配管理员，其他账号或后续新增同步的账号均默认分配"普通客服"）。
- 质培人员：除了"质检点设置"和"角色管理"页面不可查看外，其余页面均能查看和操作。
- 普通客服：可查看和操作客服培训下的"参加培训"页面和客服视角的"服务总览"页面。

第三步：确认客服分组。

初始化同步千牛客服账号时，会自动同步旺旺分流分组。未匹配上的会放至"默认分组"，之后同步新增的子账号将不再读取旺旺分流分组，一律放至默认分组。若有分组修改需求，需点击右上角"管理客服分组"。如图9-1所示。

图9-1　管理客服分组

第四步：确认店铺考核质检点。

打开"基础设置→质检点设置"，可看到官方已提供的常用质检点，如图9-2所示。

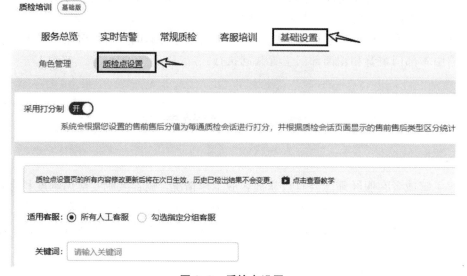

图9-2　质检点设置

　　勾选开启后，系统会自动根据已开启的质检点及对应的质检标准对店铺会话展开质检，如图9-3所示。

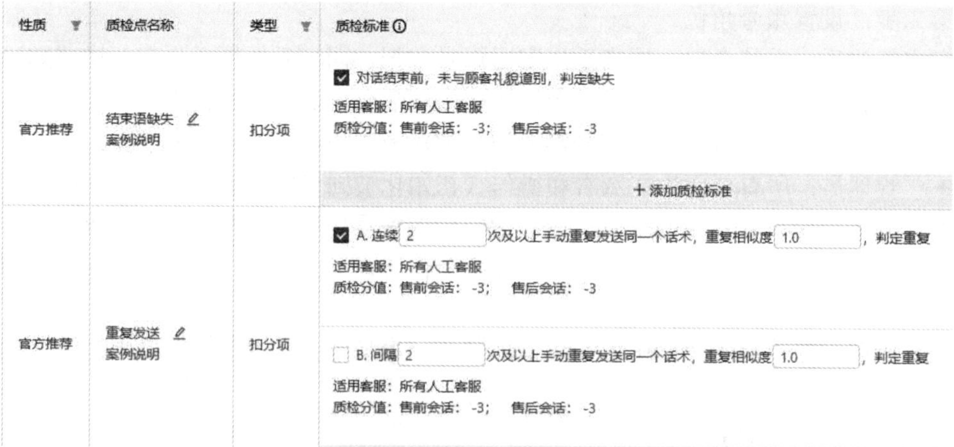

性质	质检点名称	类型	质检标准①
官方推荐	结束语缺失 案例说明	扣分项	☑ 对话结束前，未与顾客礼貌道别，判定缺失 适用客服：所有人工客服 质检分值：售前会话：-3；　售后会话：-3 ＋添加质检标准
官方推荐	重复发送 案例说明	扣分项	☑ A. 连续 2 次及以上手动重复发送同一个话术，重复相似度 1.0 ，判定重复 适用客服：所有人工客服 质检分值：售前会话：-3；　售后会话：-3 ☐ B. 间隔 2 次及以上手动重复发送同一个话术，重复相似度 1.0 ，判定重复 适用客服：所有人工客服 质检分值：售前会话：-3；　售后会话：-3

图9-3　质检标准设置

管理员可进行基础设置角色管理选择，如图 9-4 所示。

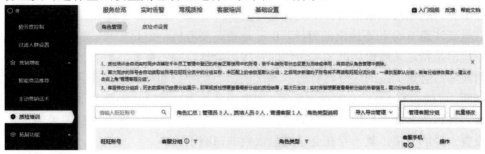

图 9-4　角色管理设置

2. 店铺考核质检点设置

进入质检点设置页面，推荐按以下几步确认店铺考核的质检点。

第一步：先确认官方推荐质检点是不是店铺需要的，如果不需要可以把质检标准前的勾去掉，如果觉得需要，但是有要补充的质检标准，也可以在官方质检点上自定义添加考核标准。

目前每个质检标准不支持叠加考核，也就是同一个质检点下的多个质检标准，只要满足任意一条，都会被检测出来。

第二步：店铺如果有需要的质检点未被官方覆盖，可以添加自定义质检点，每个自定义质检点可以添加多个考核标准，如图 9-5 所示。

图 9-5　自定义质检标准

第三步：确定每一个考核标准是否要区分不同客服考核，默认适用所有人工客服，可以自定义指定分组。假如是考核全自动机器人的标准，则需提前在角色管理页面把机器人账号放入单独的分组，再进行指定分组，如图 9-6 所示。

添加自定义质检点

* 质检点名称：

🔲 点击查看教学

可采用以下检出方式：

* 质检点类型：⦿ 扣分项　○ 加分项　类型提交后不可变更

人工质检检出
仅供人工打标时使用

自定义规则检出
按设置规则自动检出

* 质检标准：

* 适用客服：⦿ 所有人工客服　○ 勾选指定分组客服

* 质检分值：售前会话　-3分 ∨　售后会话　-3分 ∨

图 9-6　自定义质检点

第四步：每个考核标准设定对应分值，所有扣分项质检点默认设置的是扣 3 分，加分项是加 1 分，店铺可以根据自身情况调整分值。

这里要注意 0 分和不检出的差异，0 分是指需要考核，但是如果被检出了，不影响分数。不检出是指这条质检标准如果遇到的是售后会话，则不需要质检。

售前售后会话类型的区分，目前由算法根据当前会话的咨询意图和客户下单情况综合做出判断，可能会有 5%左右的误判概率，如果当前的考核标准已经选择适用客服是售前分组客服，且售前客服接待的会话不需要区分售前售后会话类型、统一考核要求的话，可以两边设置一样的分值，就不存在会话类型误判的影响了。

第五步：针对自定义添加的质检标准，如果是有规律可循的标准，需选择规则检出，然后把规则配起来，规则支持关联商品、设置关键词、匹配相似句子，关联商品适合在要考核某款商品客服回复情况的时候使用关键词和相似句子，如图 9-7 所示。

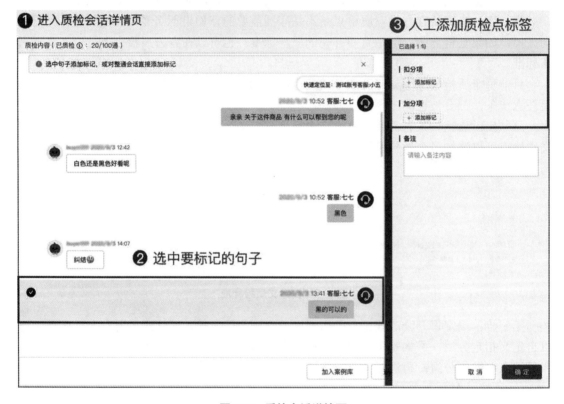

图 9-7　质检会话详情页

质检点设置页的改动会在第二天检出结果生效，确认好后就可以第二天直接在服务总览页面看到检出结果了。

3. 店铺考核质检点说明

（1）最后一句非客服发送

质检点说明：当前会话是由客户结束，而非客服结束，也就是客户说完话之后，客服没有继续跟进也没有转接其他客服。

（2）未发送转接话术

质检点说明：当客服 A 将会话转接到客服 B 之前，客服 A 需发送一段转接话术，告知客户当前会话将由其他客服 B 接待。

特殊情况说明：

1）若会话是由服务助手（机器人）转交给人工客服或者由人工客服转到服务助手，则不质检。

2）若客户主动要求转售后客服，则不强制客服必须发送转接话术，不检出。但若在客户要求转客服之后，客服一句话没说就直接转走的，会检出为"未发送转接话术"。

案例 1：客服在聊天过程中，直接转交给其他客服，且在聊天中也没告知用户将由其他客服接待。

案例 2：客户要求转客服，客服什么都没说直接转走，这种情况会检出为客服转接不规范，未发送转接话术。

（3）重复发送

质检点说明：重复发送有两种，一种是连续重复发送，客服连续发出相同或相似的话术，次数≥设置的次数，相似话术是算法判断客服的两句话术之间意图的相似程度。另一种是间隔重复发送，客服在对话中，相同或相似话术多次发送。

● 特殊情况说明：

重复话术字数≥5 个字，避免亲、好的等语聊类话术的重复。

● 配置建议：

重复相似度的设置不宜太低，否则就失去了相似话术检出的意义，如图 9-8 所示。

图 9-8　重复发送质检点设置

（4）违反广告法

质检点说明：沟通中出现涉及虚假宣传、欺诈等用词，会被判定违反的常见广告词有：最高级、最佳、第一、全网销量冠军、全网最高、全球最强、顶级品牌、淘宝最正宗等。

（5）态度差

质检点说明：

1）辱骂客户，包括与客户对骂、单方面辱骂客户，视为态度差。

2）讥讽客户，如"开心就好""在搞笑吗""真是服了"。

3）客户质疑客服态度，如"服务太差了""什么态度""还不耐烦"。

（6）服务消极

质检点说明：服务消极，客服态度敷衍，存在单字回复或双字回复，视为服务消极，如"嗯""嗯嗯""哦哦"。

特殊情况说明：当消费者回复的内容是："哦""好""好的""OK"时，客服使用双字回复如"嗯嗯"，则不算服务消极。

（7）单句响应超时

质检点说明：和客户每个对话回合，单轮客服响应时长超过设置时间，视为超时。

特殊情况说明：单轮客户首句提问起算，客户连续问了 ABC 三个问题，客服回复了 DE 两句，那平均响应时间计算的是 A 和 D 之间的时间间隔。

案例说明：若单句响应超时的时间设置为 100 s，客服回复的时间约 5 min，超过设置的 100 s，则会被质检出"单句响应超时"。

（8）结束语缺失

质检点说明：会话结束后，客服没有发送较为正式的结束语，则会检出为"结束语缺失"。

结束语正向案例：亲，感谢对本店的支持与信任，我们会继续努力的。期待亲的下次光临！

结束语负向案例：嗯啊，好的再见。

案例说明：示例会话中，客服回复消费者问题后，消费者没有再次咨询，会话结束，客服没有主动发送结束语话术。

（9）答非所问

质检点说明：客户不太理解客服的回复内容或对客服回复内容不认可，一般包括以下几种情况。

1）客户直接说"答非所问"。

2）客服没有正面直接地回复客户问题。

3）客户表示，客服看不懂自己的问题。

4）客户表示，已经问了好几遍了，还得不到答案。

案例说明：当前客服回复的内容，并没有直接正面回复客户的问题，且客户明确表示客服没有直接回答问题，因此判断为答非所问。

（10）问题未解决

质检点说明：从客户的角度出发，对店铺或客服对自己的问题处理方案表示不满。常见有以下两种情况。

● 客户对当前这个客服的接待不满意，要求换个客服。

● 客户认为当前店铺或客服没有解决自己的问题，或问题解决得不满意，或认为店铺解决问题的效率太低。

从客服回复的内容出来，当客服没有正面的回答问题或者表示自己也不能回答时，视为当前客户问题客服没有有效解决、常见有以下两种情况。

● 让客户自己解决，如"自己到页面查看"。

● 存在推卸责任等话术，如"我也没办法""我也不知道"。

案例说明：

案例一：客户对当前这个客服的接待不满意，要求换个客服，客服说换不了。

案例二：客户表示，店铺换了好几波客服，都没有把问题解决。

（11）漏跟进

质检点说明：当客服回复消费者需要时间去核实和查询时，首句或欢迎语之后没有再回复消费者问题，或直接没有回复消费者问题，则视为漏跟进。

一般有两种情况：

1）客服没有回复消费者问题，只有客户提问。

2）客服回复"稍等"之后，没有再次回复消费者。

特殊情况说明：

离线漏跟进与实时告警不同，如果客服需要查询或确认，回复客户"稍等"之后，有回复客户问题的行为，则不会算为漏跟进，配置建议如图 9-9 所示。

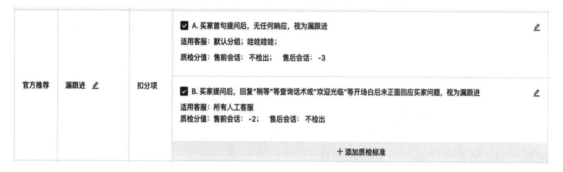

图 9-9　漏跟进质检点配置建议

案例说明：客服回复"稍等，帮您核实情况"类话术之后，后续没有回复客户问题，视为"漏跟进"。

（12）退款挽留

质检点说明：客户要求退货、退款，客服主动进行挽留，挽留行为包括给予补偿优惠、红包等。

（13）未推荐搭配商品

质检点说明：当消费者咨询商品 A，且希望客服推荐其他商品时，客服没有有效推荐商品（包括商品链接和推荐话术，二者若只有其一不算有效推荐），则会被检出"未推荐搭配商品"。

特殊情况说明：

1）需要凑单推荐话术和商品链接同时发送，才会算法有效地推荐话术。

2）系统推送的催拍话术，或者会话结束客服发送的催拍话术、服务邀评等话术，不算法推荐话术。

（14）凑单推荐

质检点说明：当消费者咨询有凑单意图时，如发送"如何凑单""能不能便宜点"等语句或者要求降低活动门槛时，客服主动发送凑单活动或可参加凑单活动的商品时，则会被检出"凑单推荐"。

特殊情况说明：

1）客服需要同时发送凑单推荐的话术和商品链接，才会算作有效的凑单推荐。

2）系统推送的催拍话术，或者会话结束客服发送的催拍话术、服务邀评等话术，不算凑单推荐话术。

案例说明：当消费者有明确的凑单意图时，客服应推荐可凑单的商品，提高客单价。

（15）未做凑单推荐

质检点说明：当消费者咨询有凑单意图时，如发送"怎么凑单""未达到活动要求，能不能便宜点"或者要求降低活动门槛时，客服没有主动发送凑单活动或可参加凑单活动的商品，则会被检出"未做凑单推荐"。

特殊情况说明：

1）客服需要同时发送凑单推荐的话术和商品链接，才会算作有效的凑单推荐。

2）系统推送的催拍话术，或者会话结束客服发送的催拍话术、服务邀评等话术，不算有效凑单推荐。

案例说明：当客户说"就差1元就给我减了呗"，说明有明确的凑单意图，客服没有推荐可以凑单的商品，视为"未凑单推荐"。

（16）跨平台引导

质检点说明：引导客户去其他平台购买，属于违规，判定不达标。

（17）缺货未推荐相似款

质检点说明：当消费者咨询的商品售罄或者下架的时候，客服如果没有有效推荐其他商品，则会被检出"缺货未推荐相似款"。

特殊情况说明：

1）若客服只发送话术或只发送商品链接，则不算有效推荐；

2）会话结束，客服发送或自动发送的催拍话术中，若包括推荐商品，则不算作有效推荐。

案例说明：客户咨询商品无货，客服没有推荐店铺类似商品。

（18）推荐搭配商品

质检点说明：当消费者咨询商品 A 时，客服有推荐和 A 搭配的 B 商品的动作，则会被检出"推荐搭配商品"，为加分项。

特殊情况说明：

1）会话结束，客服发送或自动发送的催拍话术中，若包括推荐商品，则不算作有效推荐；

2）系统推送的催拍话术，或者会话结束客服发送的催拍话术、服务邀评等话术，不算推荐话术。

（19）未及时催拍

质检点说明：当前咨询用户为售前询单会话，在咨询后，客服没有发送催拍话术，或在设置的时间内没有发送催拍话术，则会被检出为"未及时催拍"。

当没有限定催拍话术发送的时间时，若聊天结束后，当日客服都没有发送催拍话术，则会检出为"未及时催拍"。

在会话中，客户最后一句话的时间+催拍设置的时间内，客服没有发送催拍话术，则会检出为"未及时催拍"。

特殊情况说明：

1）如果客户在会话过程中已下单，则不会检出"未及时催拍"。

2）如果店铺没有限制催拍时间，那么如果客户在会话结束后的当天完成下单，也不会检出"未及时催拍"。；

3）未及时催拍的标签会标注在会话的最后一句。

（20）未有效安抚客户情绪

质检点说明：当客户在会话中有负面情绪时，如欲投诉、差评、要315曝光、要转主管、辱骂客服等，如果客服通篇都没有道歉和安抚的话，则会检出为"未有效安抚客户情绪"。

特殊情况说明：该质检项仅支持售后会话的检出，售前会话暂不支持。

配置建议：建议仅质检人工客服。适用客服售中，排除服务助手，售前会话可以选择不检出，售后会话选择分值，如图9-10所示。

图 9-10 未有效安抚质检点配置

（21）反问、质疑客户

质检点说明：客服用质疑反问的语气响应客户，如"这也不懂吗""能理解吗""前面不是说了吗""听明白了吗"。

课程思政：提高职业规范，增强创业精神

小张担任某品牌旗舰店店长已经是第三个年头了，通过大大小小的活动促销，积累了丰富的经验。去年双十一大促活动因为客服人员的配置不合理，造成了巨大的损失。今年的双十一活动，小张第一时间对客服岗位进行了细致、明确的规划和分工，用科学的方式管理团队。在小张的带领下，今年的双十一活动获得了成功，近百人的客服团队没有接到一个投诉，好评率98%以上。在课程的学习过程中，也要清楚地了解，客服岗位需要科学的团队管理和规范，需要勇于承担的敬业精神和创业精神，并一以贯之，才能使我们成为社会的脊梁、行业的排头兵。

实现中华民族伟大复兴，青年始终是先锋力量，共和国的光辉未来需要青年大学生的奋斗与热血。青年大学生是国家的希望、民族的未来，肩负着民族复兴的大业，青年大学生要将个人梦想与中国梦紧密结合，将个人梦想的实现融入中华民族伟大复兴中国梦的实现进程，坚定理想信念、立常志、做大事；要时刻保持昂扬斗志，奋发有为，积极进取，勇于创新，刻苦专研；要知行合 ，敢为人先，引领社会主义新风尚；青年大学生要抓住时代机遇，勇立时代潮头，不负时代赋予的使命担当，敲响新时代青年大学生的最强音，为实现中华民族伟大复兴的中国梦不懈奋斗。

技能点三　绩效量化考核

绩效考核只有量化才能更准确地对各项指标进行掌握，量化就是对客服工作进行无限细致的分解，把客服平时遇到的问题进行划分。每个考核点都熟练掌握后，客服业务水平就会趋向稳定，效率和质量会更高。

1. 客服绩效考核分和指标要求

客服工作的考核指标和对应的分数可以充分反映出客服的工作质量，也可以通过多个维度考核客服具体在哪部分出错率高，进行及时的纠正和整改。分数越高，说明客服越适合这份工作，也是其技能熟练的表现，如表 9-1 和表 9-2 所示。

表 9-1　客服绩效考核分值表

客服绩效考核得分					
考核项目	流失率	推荐率	错误率	检查率	纠纷率
优秀值	35 分	25 分	25 分	25 分	15 分
达标值	30 分	20 分	20 分	20 分	10 分
及格值	25 分	15 分	15 分	15 分	5 分
不达标	20 分	10 分	10 分	10 分	0 分

表 9-2　售前客服绩效考核指标表

售前客服绩效考核指标要求					
考核项目	流失率	推荐率	错误率	检查遗漏率	纠纷率
优秀值	5%～10%	100%	1%～2%	20%	0
达标值	10%～20%	90%～95%	3%～2%	20%～40%	0.1%
及格值	20%～30%	80%～90%	3%～5%	40%～50%	0.2%～0.4%
不达标	>30%	<5%	<5%	>50%	>0.4%

2. 客服绩效质检规则

质检规则是客服岗位考核的标准，能够更好地约束员工行为，也能更好地进行激励，只有让员工清晰地了解和掌握公司绩效质检规则，才可以把客服工作时遇到的每一通对话，风险降到最低，服务质量提升到最高，如表 9-3 所示。

表 9-3　客服质检规则表

×××客服质检规则	
质检规则	每周随机抽查对话内容达到 10 以上且有人工回复的聊天记录
	每周计算出质检分数，每月汇总 4 周质检分数的均值，为该月质检分
	满分 100 分，每项分值为最高可获得分值
	扣分按照最高分值扣除，直至 0 为止；加分项根据实际情况，最高每项可加 5 分

续表

		×××客服质检规则	
流程规范	备注	漏备注，包括优惠未备注、拦截物流未备注、登记丢件未备注、补偿未备注、发货后改地址未备注、退换货未备注原因等	3
	登记	发票、收据、丢件等表格登记	2
	操作	ERP 补发等操作失误。演员件没有在 ERP 核实直接退款等	2
	改地址	1.售后改地址未修改、改错	
		2.售后修改没有在旺店通核实是否已经审核	
		3.已发货改地址没有发群或发错群	
	快递	1.快递问题无发群核实或发错群	3
		2.快递问题无查找记录就回复客户	
		3.客户发货后申请仅退款，未进行拦截	
		4.快递要求提供交易截图等未提供	
		5.快递群被@到未进行回复	
	后台	1.仅退款、退款退货超时关闭订单是否联系沟通处理	5
		2.物流退款拦截是否退回跟踪到位	
		3.后台退款完成原因是否合理	
		4.仅退款订单是否有进行有效沟通协商	
		5.手工建单补发订单出现停发限制情况是否 18 小时内告知客户进行处理	
	回复率	最后回复非客服回复（包括转接）；转接前未告知客户直接转	2
日常	开头语结束语	开头语结束语	3
	态度	态度极其冷漠、敷衍，消极怠慢、不耐烦、生硬回复，嘲讽或暗讽客户，使用带有侮辱、辱骂等意味的不礼貌表情；回复"哦哦""嗯嗯""好的""是的""知道了"等冷漠词语；只回复单字、单表情、单表情	5
	敬语	较好地使用服务敬语，如请、麻烦、辛苦，未尊称客户为"亲"	2
	致歉	较好的致歉态度，如"不好意思""真的很抱歉""给添麻烦了"等	2
	表情包	一个聊天中出现 2～3 个表情	3
	响应	首次人工响应，20 s 以上不合格；因响应过慢导致客户情绪激动或者差评	5
	行为	因担心给个人服务分差评，登录小号，让代班同事上号回复	10
	反馈	多频性售后商品、运营问题、问题仓库问题，及时登记出现问题类型，如批次、仓库、责任人等	3
	回复	1.机器人回复错误，客服未跟进解释和反馈	5
		2.回复错别字未及时纠正	
		3.客户问题回复错误，未做出正确解释	
		4.机械回复连续两次以上相同话术	
		5.答非所问、回复错误或者解决方案错误	
		6.不看聊天记录，询问客户之前反馈过的问题，让客户重复作答	
专业能力	表达	一句话多段发送，未表达完整，回复字数过短（2～3 个字）	3
	商品	客户咨询商品问题时掌握商品的效果使用方式等精准回复	5
	解答	客户对效果、商品、物流、使用提出疑问，客服做出专业回复，解决客户问题	5
	询问	发货后申请仅退款，收到货后无理由退货退款等询问客户原因	2

续表

×××客服质检规则			
专业能力	引导	仅退款，退货退款，正确引导申请退款原因；破损、效果不好、质量问题等优先引导补发、换货、补偿	5
	核实	问题未核实、未核实清楚，直接提错误方案，核实好后未主动告知客户结果	3
	出错	不看聊天记录，重复问题、提供照片核实、提出的补偿金额比前面客服低；客服原因引起二次售后（如漏补发、漏对接、补发错误、未提醒、未核实等）；因客服处理原因或者效率导致客户差评	5
	处理	可以直接处理的问题及时处理，切勿让客户长时间等待或多次联系，拉长售后完结时间；无协商过程，直接高成本售后处理（如补发、高额补偿、仅退款），需按优先补偿处理原则	5
	跟进	快递问题核实后每日一跟进，有结果主动告知客户	3
	补发	补发主动提供补发单号	2
综合能力	安抚	对于情绪激动（如辱骂、威胁、质疑）的客户，灵活地使用安抚话术，做到及时安抚和致歉后处理问题	5
	问答	单用户对答百分比不得少于客户，客户信息未及时回复必须进行致歉	
	理解	快速理解用户问题及需求，针对同一问题不重复询问客户	5
	解释	对于客户的质疑能够灵活地使用话术，很好地说服客户，或者给出合理、正面解释（配发必要的解释说明），而非只是告知客户"抱歉，不清楚"	5
	沟通	必须回复客户所有问题，做到有问有答，并按照客户问题的先后顺序依次做出正面、准确的回复，同时要让客户能看懂	5
	邀评	客服处理完问题后，客户表达谢意，主动邀请客户评价（服务满意度，订单评价）	0
加分项	氛围	带动团队一起学习进步、有新想法或建议被采纳	3
	创新	根据时事自创优质话术，能有效提高售后好评率或快速解决客户问题	5
	案例	聊天案例被质检采纳并在质检会议上分享	3

技能点四　实训案例：某平台客服实训绩效考核

每个公司的客服岗位都有自己的规章制度和管理办法，是需要根据客服团队成员自身的情况进行制定的，需要结合性别、年龄层次、性格、学历等因素进行考虑。员工需要适应公司的考核和绩效管理规则，才可以健康稳定地发展，才可以更快地投入到工作当中。

1. 团队小组长责任

团队小组长在客服团队中起到中间缓冲和调节的作用，客服主管可以把客服工作细分到小组，这样会使客服岗位更有组织性和管理性。由于小组一般只有 10 人左右，很多工作协调起来比较顺畅、灵活，也更能调动员工的积极性，如表 9-4 所示。

表 9-4　小组长职责任务表

小组长职责任务表							
姓名		工号		所属部门		职位	
优秀（5分）良好（4分）一般（3分）较差（2）极差（0）							
考核项目		评价分数					
		自评		项目主管	基地主管	项目经理	
工作能力	1. 能及时完成工作任务，不拖延						
	2. 能表达自己的意见，主动沟通协调						
	3. 熟练掌握工作技巧，有丰富的业务经验						
	4. 有计划性，合理安排工作						
	5. 能服从上级安排，主动完成任务						
工作态度	1. 积极参与大型活动的加班、项目基地支援等活动						
	2. 对待工作有很强的责任心，不推卸责任						
	3. 对待工作积极、主动承担其他任务						
	4. 遵守公司的规则制度，有良好的纪律性						
	5. 积极参加各种专业知识培训,不断学习与进步						
岗位职责	1. 现场管理，合理调配人员，主动提供工作所需的指导、反馈、结果记录						
	2. 主动对团队成员进行培训和辅导						
	3. 在团队成员有负面情绪时给予安抚引导，控制负面情绪和消极行为扩大						
	4. 通过实时数据制作日报和数据分析,调整管理。						
	5. 针对质检发现的问题，复查问题点，并对当事客服人员进行辅导和培训						
	6. 能够主动与团队的成员进行沟通，及时关怀、关心员工						

2. 客服主管职责

客服主管是一个网店客服岗位的核心，关系到整个客服部门和团队的稳定运行。只有明确客服主管的职责，才能更好地约束客服行为和规范自己的权限。这样可以做到事事落到实处，所有的问题也能顺利解决，如表 9-5 所示。

表 9-5　客服主管职责表

职责名称	职责描述	行为描述	时间周期
销售目标执行	分解目标	根据运营的销售目标和客服销售占比，拆解部门销售目标到个人，制定目标方案、奖励机制	每周
	销售总结	汇总每人完成的情况，分析欠缺的地方，发现执行过程中或者人员上的问题，制订下次如何改进的方案	每周

职责名称	职责描述	行为描述	时间周期
自我能力培养	主管管理能力	提升前端人员的销售能力，完全了解团队日常的工作情况，发现团队中隐藏的问题，制订解决方案，提早避免事态恶劣，有效地组织人员学习进步，检验客服的工作化给予及时的指导意见，辅助部门经理完成部门所实施的方案、部门的管理方式和部门可沉淀的知识库，令部门相互的工作衔接实现清晰化、完善化、有效果并系统化	每周
日常工作管理	负责部门管理工作	负责安排客服的日常工作，保证客服的工作速度和质量。	每工作日
		指导好"老人带新人"的工作和新进员工的基础培训安排和计划	不定期
		负责每周客服排班，在岗位空缺之时能找到解决方案，做到每日都有相应岗位人员在岗，每周排班表发给行政人员存档	每周
		负责辅助下单管理软件的培训和指导	不定期
	销售客服激励方案	不定期优化售前客服的绩效考核、激励方案、淘汰制度	不定期
	客服管理手册	从日常工作中发现客服的问题，制定奖惩机制、管理制度等，形成或修订可阅读的手册	每工作日
	配合上级执行客服晋升	制定晋升机制，分时间段对部门员工给予考核晋升，提升团队的黏性，给予人才发展机会	每周
	配合上级执行客服淘汰	对考核成绩差的人员、不服从管理的人员进行末位淘汰，提高员工工作积极性	每周
	检查客服聊天记录反馈	每工作日检查每个客服 15 条超过 10 句聊天回复的聊天记录	每工作日
活动前端对接	人员的安排和时间的安排	根据活动的力度安排部门延长值班时间，增加值班的人员，调整好人员的休息	每工作日
	活动的紧急预案	对活动可能存在的问题做好话术和解释工作或备选方案，为临时的 BUG 制定解决方案，保持及时的沟通	每工作日
	活动总结	对当前的活动给予总结，总结不足之处、下次如何改进的建议、制定的目标等	每工作日
	跨部门的沟通	沟通活动的配合、需要对方提供的工作上任何的帮助	每工作日
SOP 执行	收集并向上汇报流程类型	发现跨部门（仓储、运营）或者本部门沟通成本高的问题、容易不清晰的问题，收集好向上汇报	每工作日
	负责流程优化、意见建议整理	监督流程推进、跟进使用情况、针对不通畅的环节及时优化并通知所有环节相关人员	每工作日
前端绩效考核	监督绩效实施情况	根据数据和客服的情绪监督绩效执行的情况，是否贴合实际工作、便捷简单可操作等	每周
前端绩效考核	绩效考核的月度面谈	根据月底的数据总结，约谈客服的绩效情况，总结个人当月发展的优劣势，给予改进方案，安抚客服人员的情绪，及时表扬客服人员的优点，及时分享	每周
	绩效考核的问题汇报	超预期或者极差情绪的客服问题需要及时向上汇报，需要部门领导或者人事部门的协助要尽早提出	不定期

续表

职责名称	职责描述	行为描述	时间周期
	扶持考核末位客服	给予末位的客服针对性培训，"一带一辅"助其成长	不定期
团队成长、协作	了解客服工作状态	了解客服目前的工作状态，找出每个客服的优缺点，扬长避短，每工作日进行一次一对一沟通、汇报沟通结果	每工作日
	询单转化率	在不同时期观察每个客服询单转化情况，做针对性培训，对状态不好的客服进行引导	每工作日
	打字速度测试	每工作日一次打字速度的测试，要求一分钟70字以上（测试内容：平时需要用到的快捷回复）周报中汇报成绩	每工作日
	负责销售客服培训、考试工作	新品培训，一个月不低于两场（商品使用说明、商品特点说明等服务）	每周
		销售客服提升，一个月不低于两场	每周
		针对售前客服的售后知识培训（特别是针对维权类型、恶意差评师之类的）	每周
		销售客服培训后考试	每周
	培养代理主管岗位	负责客服部门的激励方案与人才储备方案，培养代理主管岗位	不定期
	储备客服	根据团队发展情况，需要制订人才需求计划	不定期
	页面纠错	遇到价格、链接、图片不符的，及时交给运营部门解决	不定期
	负责大促、活动协调工作	大型活动做好客服工作安排（活动前、中、后的工作安排）	不定期
	配合运营的营销活动	营销活动的配合工作	不定期
	活动效果反馈	针对运营中心的活动方案效果进行反馈，协助运营调整活动方案	不定期

3. 激励的有效利用

每个企业和个人都是需要上升空间的，是成长中需要的意义和自身价值的体现。客服成长路线一般包括：普通客服、优秀客服、资深客服，如表 9-6 所示。

表 9-6　客服等级权益表

客服	基本条件	考核期	提成	物质奖励	成长机会
普通客服	基础的售前售后问题处理及初级的管理能力，价值观基本符合公司要求	0～3 个月	1%×（销售额－退款金额）	月奖金 0～200	培养成为优秀客服的机会
优秀客服	复杂的售后问题处理及中级的管理能力并具备优秀伙伴能力	3～6 个月	1%×（销售额－退款金额）+售后提成	月奖金 200～500，享有额外津贴	更多的全面发展机会
资深客服	特别棘手的售后问题处理及高级的管理能力并具备优秀伙伴能力	6～12 个月	1%×（销售额－退款金额）+售后提成	月奖金 500～1000，享有额外津贴+补助	更多的管理锻炼机会

4. 客服绩效考核及注意事项

管理和考核是贯彻在整个实训过程中的，包括实训前准备、实训动员、理论培训、正式上机、成绩评定、实训总结等环节。

（1）实训动员

客服实训动员是项目开始前比较重要的一个环节，一般几百人的客服实训需要分开几次进行宣讲，主要是针对即将开始的项目进行讲解和说明，目的是让参训人员可以了解实训的整体流程、工作时间和强度、考勤、成绩评定等问题。整个实训涉及的每个环节都需要提前讲解明白，这样可以让参训人员有个心理准备，不会在后期遇到时造成影响。

（2）理论培训

1）业务知识的学习。

2）课堂秩序保持良好。

3）保证通过理论和上机考试。

4）职场文化培养。

（3）正式上机

1）考勤及上机状态关注，做好情绪疏导。

2）重视业务熟练期和瓶颈期的参训人员状态。

3）实时跟进质检、违规、客损、投诉、红线问题。

4）做好激励制度的落实，使参训人员保持高昂的工作状态。

5）做好排班和班次调整，劳逸结合。

6）做好小组长和客服主管对问题的反馈和落实，保证沟通流畅。

（4）成绩评定

1）处罚规则制度：迟到、旷工、请假、触碰红线、服务过程和日常态度问题被淘汰等情况，情节严重者成绩不及格。

2）成绩打分制度：实习学生将由企业带教和指导老师共同打分，企业会根据参训人员数据和工作表现给出相应的成绩。通过考勤、日常表现等做好统计，给出分数并形成最后的成绩。

3）考勤打分：从培训期间开始计算，总分 100 分，迟到、旷工等扣相应的分数，以签到表为准。

4）绩效 KPI 分数：根据参训人员的接待服务情况，对各项专业服务指标进行按比例打分，形成服务质量得分。

5）进行综合评定。

本项目对客服管理和绩效考核进行讲解，对团队管理规则、规范、交接规则等进行了总结；对绩效考核方面进行了量化的划分，使学生可以对客服的工作有更清晰的认识，掌握客服管理工作的重点和难点。

attendance records	考勤记录
motivation	激励
duty	职责
team	团队
quality check	质检
recommended matching products	推荐搭配商品
problem not solved	问题未解决
repetitive sending	重复发送
customer service group	客服分组
rotate posts	轮岗

1. 选择题

（1）团队考核适用于（　　）的客服团队或有两个及以上的客服小组的商家，可每月为客服小组制定业绩目标，从而拆解到个人维度。

A. 规模较大   B. 规模较小

C. 中等规模   D. 超大规模

（2）质检点设置页的改动会在（　　）检出结果生效，确认好后就可以直接在服务总览页面看到检出结果了。

A. 第一天   B. 第二天

C. 第三天   D. 第四天

（3）当消费者有明确的凑单意图时，客服推荐可凑单的商品，可提高（　　）。

A. 转化率   B. 客单价

C. 营业额   D. 跳失率

（4）绩效考核只有量化才能更准确地对各项指标进行掌握，（　　）就是对客服工作进行无限细致的分解，把客服平时遇到的问题进行划分。

A. 量化   B. 质化   C. 分化   D. 固化

（5）当客服回复消费者需要时间去核实和查询时，首句或欢迎语之后没有再回复消费者问题，或直接没有回复消费者问题，则视为（　　）。

A. 漏跟进   B. 超时响应

C. 答非所问   D. 问题未解决

2. 填空题

（1）售前客服以促进销售、提高转化为目标，从销售额、转化率、响应时长、（　　）、（　　）、（　　）、服务满意率、答问比等几个维度进行考核。

（2）售后客服的职责以提高（　　　）、（　　　），以平台考核指标、工作流程、处理时效等进行考核。

（3）客户处理完问题后，客户表达谢意，主动邀请客户评价包括（　　　）（　　　）。

（4）每个企业和个人都是需要上升空间的，是成长中需要的意义和自身价值的体现。客服成长路线一般包括：普通客服、（　　　）、（　　　）。

（5）管理和考核是贯彻在整个实训过程中的，包括实训前准备、实训动员、（　　　）、（　　　）、成绩评定、实训总结等环节。

3. 简答题

（1）客服排班规则有哪些？

（2）客服交接班规则有哪些？